随机服务系统的理论与实务

周玮民　著

科学出版社
北京

内 容 简 介

在人类活动中，服务系统的理论有着广泛的应用. 本书所讨论的是：因顾客对服务要求的随机性而引发的系统行为与绩效的变化. 对系统而言，顾客人数变化是一个生灭过程的结果. 由顾客的观点来看，他经历的却是一个等待过程. 因此系统的行为与绩效主要是以系统中顾客拥挤的程度以及他们花费在系统上的时间来表示.

利用随机过程的数学模型对系统进行分析时，顾客不同的服务要求与系统操作的规则就成为模型的假设条件. 为此，作者对多年来从事的许多实际案例进行整理与资料分析，以验证假设条件的合理性. 书中提供的实例包括：公路交通、紧急救援、计算机、网络通信、生产、库存、维修、搬运系统、在制品存放空间设置以及生产线规划等.

随机过程作为数学的一支，有些读者可能对它较为生疏. 因此本书尽量避免繁琐的数学推演，而代之以直观方式来阐述概念. 学过微积分与概率论的读者即可阅读本书，解读其中的论述，并获取相应的资料.

本书的最终目的是希望读者能够通过研读，提高解决实际问题的能力. 所以在面对难解的数学模型时，也提倡近似解法，以求在合理的时间内得到合理的解. 对于一些非基础的但是有价值的材料，则以提纲的方式编入书末的练习与讨论一章中. 读者可以此作为练习材料，并从中获得更多的知识.

图书在版编目(CIP)数据

随机服务系统的理论与实务/周玮民著. —北京：科学出版社，2016.10

ISBN 978-7-03-050027-4

Ⅰ. ①随… Ⅱ. ①周… Ⅲ. ①排队论—研究 Ⅳ. ①O226

中国版本图书馆 CIP 数据核字(2016) 第 232493 号

责任编辑：李 欣 赵彦超／责任校对：彭 涛
责任印制：张 伟／封面设计：陈 敬

科学出版社出版
北京东黄城根北街 16 号
邮政编码：100717
http://www.sciencep.com

北京捷迅佳彩印刷有限公司 印刷

科学出版社发行 各地新华书店经销

*

2016 年 10 月第 一 版 开本：720 × 1000 B5
2020 年 1 月第五次印刷 印张：11 1/4
字数：213 000

定价：68.00 元

(如有印装质量问题，我社负责调换)

前　言

1981 年 7 月我受当时的中国企业管理学会邀请, 在清华大学讲授运筹学的组合最优化、随机过程与排队论. 次年 7 月我又接受联合国的资助, 由机械工业部安排在陕西机械学院专讲排队论. 两次经过上海时, 我都见了上海科学研究所的朋友, 其中刘吉先生鼓励我写一本这方面的专著, 后来又耐心地帮着找出版社. 先后经历了四年, 书才有机会出版. 当时的中文书稿都是手写, 熟悉英文者又不多, 出版前也未作校正, 书中谬误较多. 另一方面, 我自己也不够成熟, 认识浅薄, 从学校出来就一直在 IBM 公司的研究部门工作, 对服务系统的实务工作也仅限于大型计算机与网络的绩效分析与优化, 书中提供的材料多半缺少自己的见解. 1982 年年底, 由于个人志趣而转向实务工作, 故请调生产部门, 从事物流改进与生产整合, 以后又走上生产策略、运营管理, 乃至企业过程、企业文化与组织发展的道路. 其间我搜集并分析过许多资料, 并从解决实际问题的过程中, 逐渐增长了见识. 离开企业界后, 我去了台湾任教, 又三次重新讲授这门课, 并添加了实务上的案例. 离校返回美国后, 因为校方一时没有续教的老师, 于是又在隔年夏天把这门课改为“随机服务系统”, 尽量去除较深的数学部分, 并加入更多的实际资料分析与实例. 对学生的成绩考核, 则是以他们专题调研报告 (诸如: 邮局服务、医院挂号系统、校园小吃部座位安排、校园网络登录系统、模拟法与等候线理论比较等课题) 成绩为准. 本书就在最后这本教材的基础上发展而来.

当某些特定对象 (顾客) 进入一个组织 (服务系统), 在经历接纳、处理、留置、释放过程后离去, 这就可视为一个“排队-服务”现象. 研究这种现象的学问称为“排队论”(queuing theory), 或“等候线原理”(theory of waiting line). 也许为了强调应用, 有时也被称为“随机服务系统”(stochastic service system). 实则几乎所有的现存的书籍都着眼于理论介绍, 很少涉及实际资料. 本书的写作方式是企图从现实的观察来启发对理论的探讨, 然后再反过来把理论应用于实务. 从教学的过程中我还认识到:

(1) 以直观所获得的概念去解说问题的本质与解法是帮助学生学习的有效办法.

(2) 中国学生在课堂上普遍不会质疑教学内容, 对演绎法运用纯熟, 然而对观察现象以寻求客观规律的归纳法却较为生疏.

(3) 只有在符合实际的假设条件下找到有效的解决办法时所建立的数学模型才是对学生日后有用的材料. 这些经历就构成了本书的基本观点与内容, 尤其是在阐述理论时, 尽量避免繁琐的数学推演, 而诉诸易解的基本原理 (rationale) 与直观. 我从事实务工作的经验也不断地证实了“概念无直观容易落入空洞而难以应用”.

“排队-服务”现象在自然界和人类社会广泛存在. 譬如: 客户进入银行办理业务后离去, 工件投入生产线成为产品, 发出订货单到货物收验完毕, 一个地区野生动物的出生与死亡, 资料送入资料库后又被移出等, 都是顺着一个由接纳到释放的流程. 因此, 可以从广阔的角度来看待服务系统及其行为. 本书提供的例子包括不同方面的应用: 如公路交通、卫星通信、区域网络、物料搬运系统、生产线、设备维修、物料存量管理、紧急救援等.

为了能够建立一个优良的服务系统, 并使之有效运转, 必须先要清楚地了解在不同条件下, 系统行为以及状态的变化, 并以此作为设置服务系统和运作规则的依据. 第 1 章讨论什么是系统行为以及衡量其绩效尺度的基本概念, 以此作为进入以后各章节理论分析与应用的引导.

认识任何事物最直接的方式就是进行观察. 透过对服务系统行为的观察, 了解顾客的服务需求, 以及系统所能提供的服务水平 (例如: 为满足需求, 顾客所经历的等待时间). 所谓的需求可分两方面来看: 其一是需求提出时刻, 另一则是所需服务时间. 从逻辑来说, 当不同需求提出时刻较密集, 或者各自服务时间较长, 那么顾客等待时间也会相对较长. 然而不那么明显的现象是: 因为随机性而使得需求时刻或服务时间有较大的变易时 (粗浅地说, 就是忽长忽短), 也会导致较长的等待时间. 需求发生过程以及服务时间分布是决定服务系统行为的两个主要因素. 从课本上或教室里学习服务系统理论者往往偏执于数学解法, 而对此二者的合理性涉及不足. 因此有关这方面的讨论, 专门写入第 2 章, 其中引用的现象 (如稀有事件、衰率变化)、数据 (如人工操作时间)、统计资料 (如设备修整时间分布) 都来自于对现实世界的观察.

然而仅凭观察得到的资料, 无法从逻辑上厘清顾客需求与服务水平的量化关系. 要解决这个问题, 就需要利用数学模型来进行分析. 所谓的数学模型就是一套能够把顾客需求和系统服务能量联系到系统绩效的“需求-服务-绩效”的数学方程式. 建立一个合理的模型有三个相互关联的先决条件: (i) 从实际的问题转换为数学问题 (模型的结构) 的抽象过程, (ii) 必要的假设 (如顾客到达的随机过程和服务时间的分布) 与参数 (如顾客到达率和服务率等), (iii) 数学问题的解法. 因为没有解答的模型显然是毫无用处的. 为此之故, 第二个条件必须同时照顾到系统模型与假设的合理性以及数学上处理的难度 (tractability). 第 3、4 章讨论的简单服务系统模型就是为了能够在写出“需求-服务-绩效”方程式后, 很容易找到数学的解. 一般初级运筹学所介绍的多属这类模型. 也由于假设过于理想化, 可以应用的范围也相对受到限制. 虽然如此, 从定性的 (qualitative) 角度来看, 以及在后面章节处理较复杂问题而论及近似法时, 简单模型的结果仍具相当价值.

第 5、6 章对常用服务系统模型作了较多的讨论.“常用”的说法源于一个事实: 以泊松到达过程为假设的数学模型, 能符合许多现实的案例. 第 2 章的前半部分从不同角度对此进行了详细的论述. 到目前为止, 在泊松假设条件下, 对于多个服务台的问题仍然无解, 因此在 5.10 节提供了一个近似解法. 此外, 在优先权 (排队等候者先后接受服务的优先顺序) 方面, 也着重地讨论了常见的优先排队规则以及它们的应用. 在这些规则中, “(服务时间) 短者优先” 是降低平均延误时间的有效措施. 书中介绍的“循环占用” (round robin) 和“反馈占用” (feedback) 基本上都是为了遵循此原则.

第 7 章论述的复杂系统模型主要是指: 求解的运算程序过于繁杂的模型, 包括任意到达过程与任意服务时间分布的服务站, 以及网络服务系统. 前者的讨论侧重于寻求平均延误时间的上、下限和高负荷状态下的近似解, 后者专注于有乘积形式解的网络的讨论.

最后, 在第 8 章里介绍了两则案例, 以此帮助说明理论如何运用到实际问题. 另一方面, 鉴于许多实务工作的效果与效率有时不尽理想, 所以在该章的最后一节对此作了简短的评论, 希望对从事设计、规划或分析服务系统者有所助益.

在学术或实务工作活动中, 曾经数次听到过同一种意见: 以为有了“仿真法”就没必要再学习“排队论”. 其实这可能是由于对两者都认识不足而引起的偏见. 因此在附录 I: “仿真法与随机服务系统” 作了一些澄清. 另外, 由于在实务工作上, 指数服务时间的例子实在不多, 就以“指数服务时间的服务系统” 为题, 把一般教科书里讨论的“$G/M/k$ 队列” 写成附录 II. 此外许多较有价值的材料以及概念, 因篇幅关系, 就以提纲挈领的方式写入“练习与讨论” 里. 读者可以依照各题的指引, 将其当成功课自习以增加这方面的知识.

在读研究所时, 我曾上过加州大学伯克利分校纽厄尔教授 (Gordon F. Newell) 的课, 也私下和他有过接触, 受他影响, 在日后的工作中, 总把解决问题当作第一要务. 更因为从学校毕业后, 大部分时间都在企业界工作, 尤其在离开研究单位后, 对发表论文的意愿越来越淡薄. 本书也有些过去未曾发表 (也因此从未被审稿) 的内容, 主要部分包括: 2.1 节“到达时间是均匀分布时, 到达间隔即为指数变数”的证明, 5.6 节“$M/H/1$ 队长分布的迭代计算法”, 以及 5.10 节“$M/G/k$ 队列的近似解”. 图 5.12 ~ 图 5.19 中各例的近似解与仿真的运算得到褚修玮先生的协助, 他是我在台湾教书时的学生. 在写作过程中曾得到美国加州圣荷西州立大学曹孝先教授 (Jacob Tsai) 和南开大学王谦教授的帮助. 原先只准备写 7 章, 也是在一次和王老师交谈后, 才加写了第 8 章, 在此表示感谢.

书稿完成后, 作过三次校读, 但是不能保证没有谬误. 若能得到读者的指正, 将是我的荣幸. 如有赐教, 可以通过电子信箱联络: weminchow@yahoo.com.

周玮民

2016 年 4 月 10 日

美国加州洛斯阿图 (Los Altos, California, USA)

目　　录

第 1 章　基本概念 ······ 1
1.1　随机服务系统绩效的量度 ······ 2
1.2　服务系统的排队问题及其模型 ······ 6
1.3　图示系统上队列的特性 ······ 7
1.4　高速公路交通问题 ······ 8
1.5　基本公式: $L = \lambda W$ ······ 11
1.6　波动效应 —— 随机波动对服务绩效的影响 ······ 14
1.7　排队规则对服务绩效的影响 ······ 16
第 2 章　服务需求 ······ 18
2.1　简单到达过程及其特性 ······ 18
2.2　间隔时间的特性 ······ 28
2.3　服务时间 ······ 34
第 3 章　简单服务系统模型 ······ 38
3.1　$M/M/1$ 队列长度分布 ······ 38
3.2　$M/M/1$ 队列等待时间 ······ 40
3.3　平衡方程式 ······ 41
3.4　状态的转移 ······ 42
3.5　$M/M/1$ 队列的离去过程 ······ 45
第 4 章　简单系统的衍生模型 ······ 48
4.1　依态而变发生率的模型 ······ 48
4.2　成批到达 ······ 52
4.3　$M/E_k/1$ 队列 ······ 53
4.4　$M/H/1$ 队列 ······ 54
4.5　多种顾客的优先排队规则 ······ 55
4.6　$M/M/1$ 队列的繁忙期 ······ 56
4.7　多重竞争服务–局域网络的应用 ······ 59
第 5 章　常用的服务系统 ······ 62
5.1　分枝过程与繁忙期 ······ 62
5.2　虚延迟与延误时间 ······ 65
5.3　$M/G/1$ 队列的延误时间 ······ 67

5.4 自动物料存取系统 …… 68
5.5 $M/G/1$ 队列长度的期望值与分布 …… 70
5.6 $M/H/1$ 队长分布的迭代计算法 …… 74
5.7 第一服务时间异常的系统 …… 76
5.8 $M/G/\infty$ 队列 …… 77
5.9 零备件的存量管理 …… 79
5.10 $M/G/k$ 队列的近似解 …… 82
第 6 章 服务系统中的优先权 …… 93
6.1 非强占优先与优定权的设定 …… 93
6.2 强占优先 …… 96
6.3 共同占用 …… 97
6.4 反馈占用 …… 99
第 7 章 复杂服务系统模型 …… 102
7.1 单一服务台平均延误时间的上下限 …… 102
7.2 多个服务台平均延误时间的上下限 …… 106
7.3 高负荷下的近似解 …… 107
7.4 纵列系统模型与生产线 …… 111
7.5 网络系统模型 …… 121
第 8 章 案例分析与实务 …… 127
8.1 高速公路救援系统 …… 127
8.2 物料搬运系统与生产线规划 …… 136
8.3 对随机服务系统实务的评论 …… 146
练习与讨论 …… 150
参考文献 …… 161
附录 I 仿真法与随机服务系统 …… 162
附录 II 指数服务时间的服务系统 …… 168

第1章　基本概念

“服务”作为一种行为, 通常会牵连至少两方, 其中一方为了满足其他各方的需要, 而采取某种措施或提供资料. 这种行为可以是商品、劳务、专业技能、设施、信息、知识等项目的任何组合. 服务的对象就称为“顾客”.

“服务系统”就是进行这些措施与资料的组织体. 该系统可以只是一部特定功能的机器 (以制作的工件为其服务对象), 一条生产线, 或者是一团队从事设备安装、保养维修、财务管理、商业交易等, 也可以是医院、交通设施、学校以及其他公共服务系统. 系统内提供服务的单位称为“服务台” (server), 如生产系统中的操作员或医院的病床.

当顾客的需求具有随机性时, 服务系统就称为“随机服务系统”. 一般来说, 随机性表现在 (i) 需求的发生以及 (ii) 服务量上. 这二者分别以“到达时刻”(到达系统的时刻) 与“服务时间”来表示. 当系统尚未满足顾客需求时, 就可视为该顾客在“等候”完成服务. 为了方便起见, 可以认定一个顾客对应一个需求. 等候完成服务的顾客可视为排队的“队列”, 顾客人数就是“队列长度”.

有效地设计、规划、运作一个服务系统的依据在于系统的成本与绩效 (performance). 通常二者关系被“(边际) 报酬递减律”(law of diminishing return) 所规定, 如图 1.1 所示, 为一增凹函数曲线 (increasing concave function). 决策者可依此决定适当的投入成本.

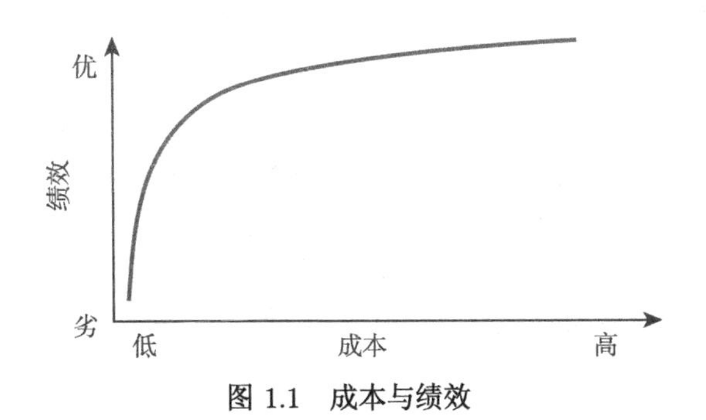

图 1.1　成本与绩效

成本的项目可以包括购置、安装、租赁、运作、维修、管理以及外包等费用. 计算方法以会计学为基础. 细节不在本书讨论范围, 读者可参考财务管理或工程经济书籍. 本书的讨论将集中绩效方面. 首先的问题: 什么是随机服务系统的绩效?

1.1 随机服务系统绩效的量度

这里介绍五类基本量度 (measure) 的方式:

(1) **系统的服务容量**(service volume) —— 如吞吐率或通过率 (throughput), 以单位时间服务 (顾客) 次数来计算. 它直接关联到系统的收益.

(2) **时间的长短**(duration of time) —— 如等待时间 (waiting time), 以从服务需求的提出到服务完成之间逝去的时间作计算. 相当于顾客留在系统的时间, 此直接关系到顾客的满意度.

(3) **以"相对频率"**(relative frequency)**为概率** —— 包括系统各类参数或指标的统计分布. 如顾客等待时间的分布, 是指在比例上有多少顾客等待时间小于或等于 t. 又如当新的需求提出时, 先前需求尚未完成的顾客数目 (也可视为队列长度) 的分布, 是指在比例上有多少顾客在提出需求时, 先前还有小于或等于 n 个需求尚未完成.

(4) **以"时间上的占有比率"**(proportion of time)**为概率** —— 如系统使用率 (utilization) 是时间比例上系统正在提供服务 (即被使用). 又如, 即时可用率 (availability) 往往等同闲置率 (未被使用的时间比例). 再者, 队列长度为 n 的概率是指在时间比例上系统的状态为 n (尚有 n 个顾客在等着完成服务).

注意: 上面 (3) 和 (4) 提到队列长度的分布具有不同的定义. 在 (3) 中, 指的是"一个顾客到达系统时, 他看到的队长", (4) 指的是"在时间上, 队长为 n 所占的比例". 又因为在时间轴上任意 (随机) 取一点所观察系统状态为 n 的机会与状态为 n 所占时间比例成正比, (4) 中所指也可解释为"一个随机观察者看到的队长".

(5) **报酬率**(rate of reward) —— 这里介绍一个以后会常用的定理 (证明从略, 读者可参阅 (Ross., 2007)).

定理 1.1(更新报酬定理 (renewal reward theorem))　假设有一系列事件发生的时间为 $(t_1, t_2, t_3, \cdots)$. 连续两事件发生的时间间隔为 $\{T_1 = t_2 - t_1, T_2 = t_3 - t_2, \cdots\}$. 在间隔 T_i 相应报酬为 R_i, 而且 $\{(T_i,\ R_i)|i = 1, 2, \cdots\}$ 作为成对的随机变数, 具相同而互为独立的分布 (independently and identically distributed, iid). 那么, (长期) 单位时间平均报酬所得 (称为报酬率) 就等于 R_i 与 T_i 期望值之比: $E[R_1]/E[T_1]$. □

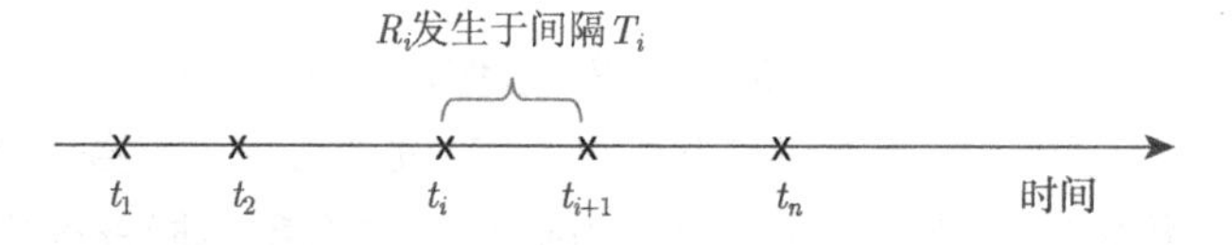

在上述的定理中, 因 iid 的假设, 事件发生的间隔, $\{T_i|i=1,2,\cdots\}$ 界定了一个“更新过程”: 在第 i 次事件发生后, $(T_i,T_{i+1},T_{i+2},\cdots)$ 的分布等同于 $(T_1,T_2,T_3,\cdots)$ 的分布. 换言之, 在时序中每当一事件发生, 一切过程就如同回到原点 t_1. 因此事件可称为“更新事件”(renewal), 而整个过程 (process) 称为更新过程 (renewal process). 时间点: t_1, t_2, $t_3,\cdots$ 称为“更新点”或称“再生点”(regeneration point). 与此相对应地, $T_1,T_2,T_3,\cdots$ 就称为“更新间隔”或称“再生周期”(regeneration cycle).

在进行绩效分析时, 如果能找到再生点, 那么绩效量度的计算就只需考察一个再生周期内, 系统状态变化. 举例而言: 倘若在均值为 10 单位时间的再生周期里, 平均有 8.5 个单位时间系统在提供服务, 那么系统使用率 $=8.5/10=0.85$.

下面利用一简单例子来进一步说明绩效量度.

例 1.1(单一服务台的绩效量度) 如图 1.2 所示, 假设一系统仅有一个服务台, 顾客依次到达, 并先后接受服务. “到达间隔”(inter arrival time) 是两个连续到达的时间间隔. 以随机变数 T 来表示.“到达率”(arrival rate) $\lambda=1/E[T]$.

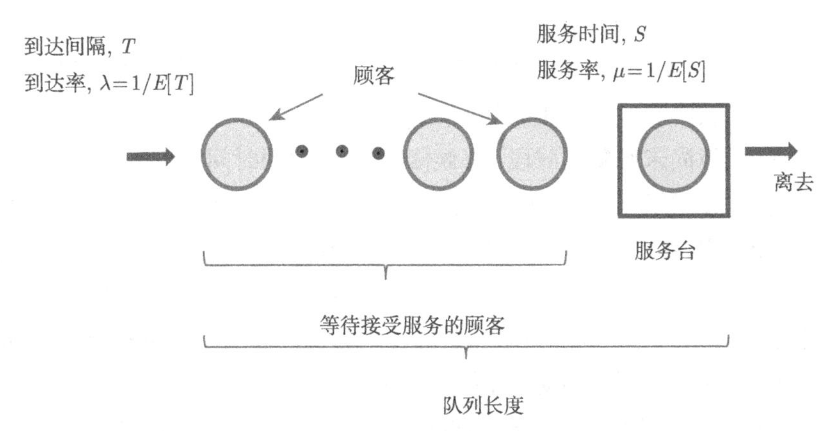

图 1.2 单一服务台系统

提供一位顾客服务所需的时间称为“服务时间”(service time). 以随机变数 S 来表示.“服务率”(service rate) $\mu=1/E[S]$. 对此系统的基本绩效量度包括下列诸项:

- 队列长度 (queue length) —— 系统的顾客数目
- 等待时间 (waiting time) —— 顾客花费在系统的时间. 该名词使用并非统一, 有人称其为“逗留时间”(sojourn time), 而计算机系统研究者却把它叫做“回应时间”(response time)
- 使用率 (utilization) —— 服务台被使用的时间比例
- 繁忙期 (busy period) —— 服务台从闲置状态转为繁忙开始, 直到再度闲置为止的时间长度. 也被简称为“忙期”

- 吞吐率, 通过率 (throughput) —— 以单位时间实际服务 (顾客) 的次数来计算
- 服务率 (service rate) —— 单位时间可以提供最大的服务次数, 也等于平均服务时间的倒数

注意: 通过率小于或等于服务率, 二者之所以不等, 是因为服务台可能会闲置或无法使用.

从上面各项, 还可引申更多量度:

- 等候接受服务的顾客数 (number of customers waiting for services) —— 相当于队列长度去除正在接受服务的人数
- 延误时间 (delay) —— 等候接受服务的时间, 通常等同于等待时间减去服务时间
- 闲置期 (idle period) —— 每次系统停留在闲置状态的时间长度
- 繁忙周期 (busy cycle) —— 繁忙期 + 闲置期 (此二者交替出现, 故称繁忙周期)
- 可靠性 (reliability) —— 系统功能完好 (无故障) 所占的时间比例

令 X = 连续两次故障发生时间的间隔

Y = 故障尚未修复的时段 (等候修理 + 修理的时间)

根据定理 1.1 (更新报酬定理), 令 $T=X+Y$, $R=X$, 则可靠性 $=E[X]/E[X+Y]$.

同理, 使用率 $= E$[繁忙期]$/E$[繁忙期 + 闲置期]

- 可用率 (availability, accessibility) —— 系统可被使用时所占的时间比例

在现实系统运作中, 无法使用的原因包括待修、维修、定期保养、设备安置 (set-up)、测试、待料、设施故障 (如停电)、人员的疲乏、延误、旷职、交班等.

此外, 服务率与服务的熟练度、技能有关, 有时也和投入的资源有关. 服务率 (服务时间) 可随着服务次数的增加而递增 (减). 图 1.3 所示是一典型的学习过程.

图中每一点代表一日完成的工件数. 总体趋向如图 1.3 中的曲线所示, 可用一指数函数来表示. 较常用的模型 (model) 是以 X_n 为第 n 日完成的 (平均) 工件数:

$$X_n = a \cdot n^b \tag{1.1}$$

该式有两个参数, 即 a 与 b, 可以实际观察为资料, 利用“最小平方法” (least square method) 来确定. 在应用上, n 可以解释成时间 (如 X_n 第 n 月的绩效), 也可代表次数 (X_n 是制造的第 n 件的时间). 那么, 第一次的估计平均值 $X_1 = a$.

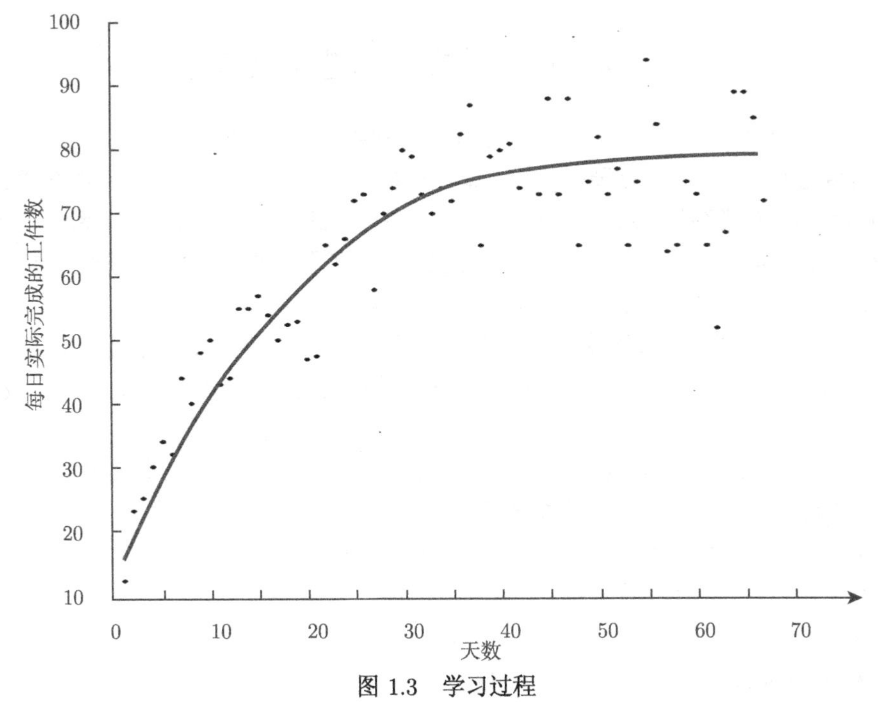

图 1.3 学习过程

资料来源: Glover J H. Manufacturing progress functions. *International J. of Production Research*, v.5, 1966

整个改进的速率可由下面比值来解释:

$$h = X_{2n}/X_n = 2^b \quad \text{或者} \quad b = \log_2 h \tag{1.2}$$

由经验得知, 如$\{X_j\}$为手工操作时间 (此时 X_j 为减函数), 则 $h \in (0.7, 0.95)$. 换言之, 当工作次数加倍时, 操作时间减少 5%~30%. 在设计新系统时, 通常尚无观察样本, 此时可以假设 $h = 85\%$, 也即 $b = \log_2 0.85 = -0.2345$; 反之, 图 1.3 中的 X_j 为增函数, h 的值应介于 1.05 和 1.43 之间.

另一较复杂的模型由 J. H. Glover 在他的论文 (*Manufacturing Progress Functions. International Journal of Production Research*, v.5, 1966) 中提出, 以逐日累积工件数 $Y_n = \sum\limits_{i=1}^{i=n} X_n$ 为变数,

$$Y_n = c \cdot n^d \tag{1.3}$$

其中 c 和 d 的求法与 a 和 b 同. 因为每一个 Y_n 都由 X_1 起算, 此模式特别注重前期的行为.

察看图 1.3 中的前后期可知: (i) 前期改进速度较快, 因此强调前期数据的 (1.3) 模型往往较之 (1.1) 更为精准, 而 (ii) 后期虽有较为稳定的平均工件数, 但每日差异变大.

1.2 服务系统的排队问题及其模型

从广义面来说, 一个服务系统的运作不外乎接纳到来的顾客 (可为一种任何实体), 并经过逐个的处理、必要的留置, 最后再释出系统. 其应用范围涵跨生产线、物料搬运系统、存货系统、水坝、计算机系统、通信网络、维修服务、交通系统、旅馆租赁、银行、饭店、零售店、医院、紧急救护等. 甚至在森林资源的利用维护中的树木, 社区发展的建筑物都可视为系统上的顾客.

由于顾客等候或接受服务时常呈现 "排队" (queues) 的状态, 分析一个随机服务系统就自然会以 "排队论" (queuing theory) 的理论 (亦称等候线原理, waiting line theory) 为基础来建立数学模型 (mathematical model).

建立数学模型是一个抽象过程, 参见图 1.4, 其目的是利用一个代表实际系统的 "逻辑结构" 来作分析与优化系统模型以服务绩效的量度为其输出 (output), 输入 (input) 部分为系统的参数以及运作规则 (rules of operations), 通常是经由观察与资料分析得到, 具体项目包括:

- 系统的结构布局 (topological structure)
- 服务需求发生的模式 (demand pattern)
- 对服务要求 (service requirements)
- 服务的顺序 (order of service), 也即 "排队规则" (queuing discipline)

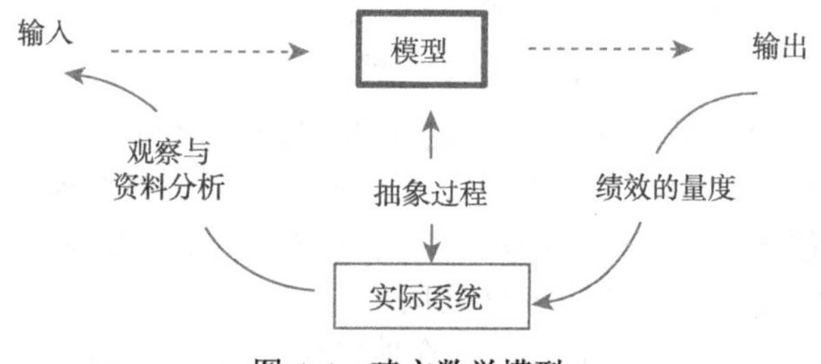

图 1.4 建立数学模型

建立模型过程通常经由下列工作才算完成:

- 完备界定的逻辑结构及其运作规则
- 输入的资料收集与整理以作为数学分析之用
- 求取模型解 (model solution), 以作为绩效分析与评估

除了绩效量度之外, 通过建立模型还可:

- 进一步了解系统的结构与逻辑
- 决定系统中具关键性的参数
- 增进模型求解的能力

- 利用模型实验改善系统的设计与运作
- 减少成本与时间的浪费

以后诸章节将由简入繁的顺序逐次讨论不同的模型. 在此特别需要强调的是: 任何数学模型仅仅是用来分析与了解实际系统行为的一个方便措施. 不论它的精确性多高, 也只能是近似于实际. 因此从应用面来看, 合理而方便的解往往远比精确而繁复的解更有价值.

1.3 图示系统上队列的特性

系统的状态与顾客接受服务的质量可简单地表现在图 1.5 中. 图中的横坐标代表时间, 纵坐标为累积次数, 令:

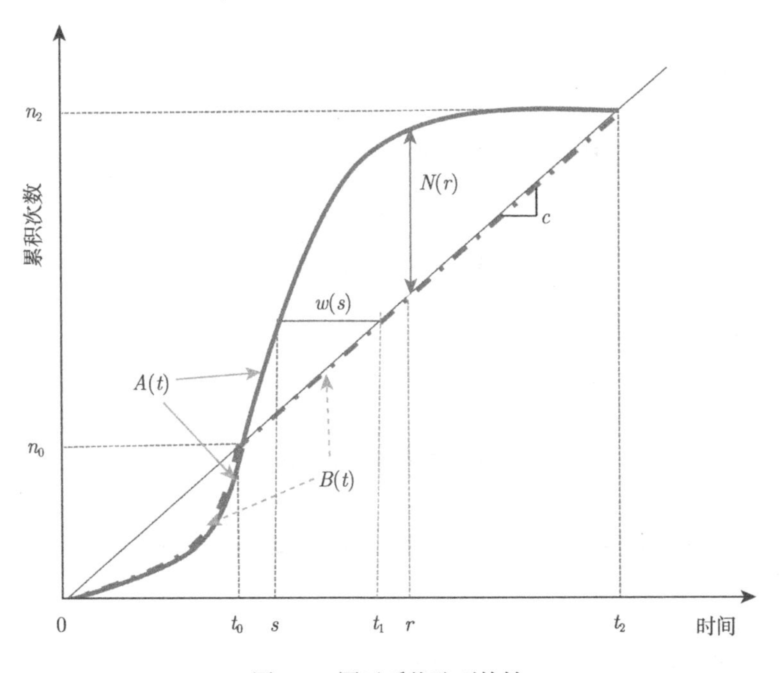

图 1.5 图示系统队列特性

斜线的斜率 c 为服务率;

S 形曲线 $A(t)$ 为在时间 t 之前, 累计到达的顾客数;

虚线 $B(t)$ 为在时间 t 之前, 累计离去的顾客数;

$N(r)$ 为在时间点 r 的队列长度;

$w(s)$ 为在时间点 s 到达者花费在系统上的等待时间.

则: (1) 在 $t \in (0, t_0)$ 时段, 由于 $A(t) < ct$, $B(t) = A(t)$.

(2) 当 $t \in (t_0, t_2)$, $A(t) > ct$, 到达系统的速率超过了服务的速率 c, 故 $B(t) = ct$.

(3) 任意时刻 $r \in (t_0, t_2)$ 的队列长度, $N(r) = A(r) - B(r)$.

(4) 在 s 到达者必须等到前面顾客完成服务离去后, 才能轮到自己接受服务, 所以他离去的时间点会在累计到达数等于累计离去数的时刻, $t_1 \in A(t_1) = ct_1$ 等待时间 $w(s) = t_1 - s$.

图 1.5 中斜线左上方与曲线之间的面积

$$a = \int_{t_0}^{t_2} N(r)dr = \int_{n_0}^{n_2} w(s)ds \tag{1.4}$$

可视为累积的队列长度, 或者累积的等待时间. 那么

平均队长:

$$L = a/(t_2 - t_0)$$

平均等待时间:

$$W = a/(n_2 - n_0) = a/[A(t_2) - A(t_0)]$$

(0, t_2) 的到达率

$$\lambda = [A(t_2) - A(t_0)]/(t_2 - t_0)$$

由上列三式可得

$$L = \lambda W \tag{1.5}$$

1.4　高速公路交通问题

1.3 节的作图法可以很好地解释高速公路交通拥塞的状况. 假设某段公路经历拥挤时刻, 令

c 为公路可承受的最大流量 (车辆数/时);

α 为拥挤时刻每小时需求使用公路的车辆数, $\alpha > c$;

β 为平常时刻每小时使用公路的车辆数, $\beta < c$.

在图 1.6(a) 中, 拥挤时段为 (t_0, s), 累计需求曲线 $A(t)$ 的斜率为 α, 而 $(0, t_0)$ 与 (s, t_1) 为平常时段, 需求率为 β.

图 1.6 (b) 是一个比较接近真实情况描述. (i) 左一图中, 公路进口有过多车辆出现而造成拥塞, (ii) 拥塞区域逐渐向上游延伸 (如左二图示), (iii) 然后进入车辆减少, 拥塞区相应变小 (左三图), (iv) 最终回复平常状态.

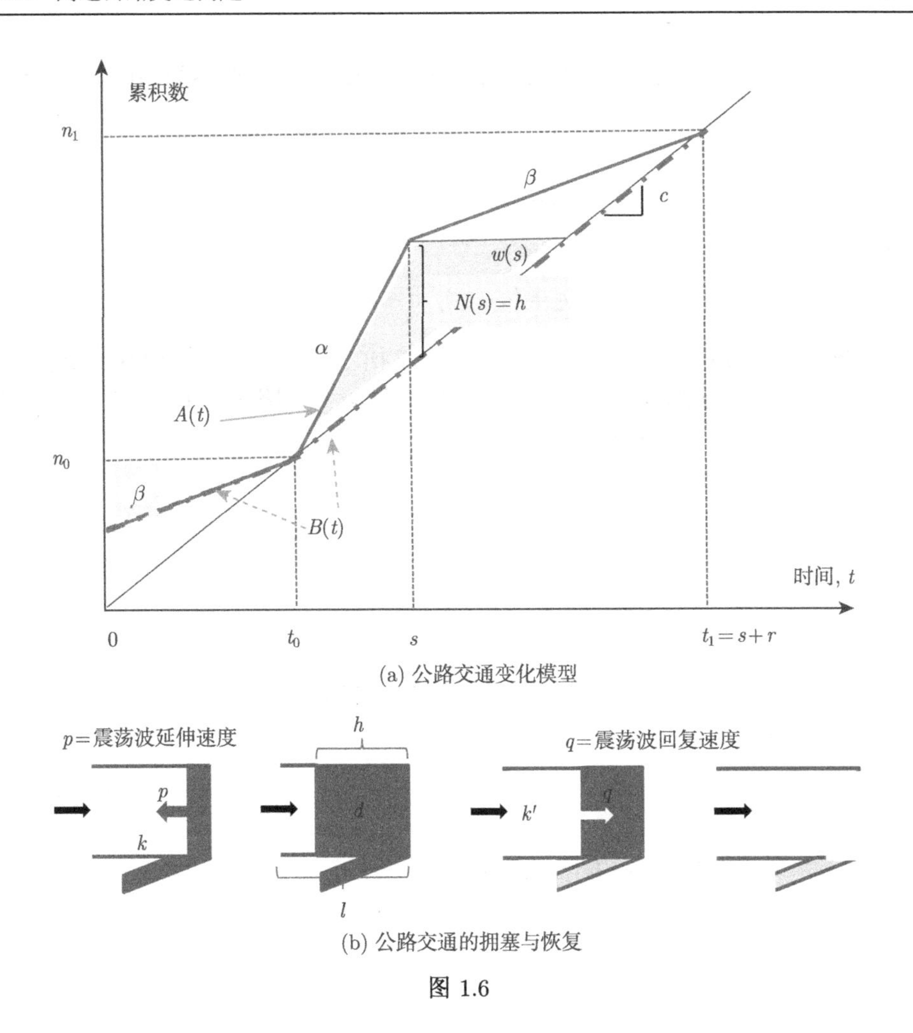

(a) 公路交通变化模型

(b) 公路交通的拥塞与恢复

图 1.6

拥塞区的扩张 (收减) 看起来就如一向上 (下) 游传送的"震荡波"(shock wave) 一样, 其速度 $p(q)$ 可由密度 (公路上每单位长度的平均车辆数) 与交通流量 (每单位时间通过的车辆数) 求得. 令:

d 为拥塞区车辆密度;

k, k' 为非拥塞区车辆密度;

u 为 (上游) 非拥塞区的车流量;

v 为非拥塞区平均行车速度;

l 为路段的长度;

h 为拥塞区最大的长度 (排队模型中队列最长时的长度).

当公路段无法让增加车辆全数"顺利"通行时, 车辆密度就会快速增加, 而车速放缓, 流通量随之降低, 由高流量进入低流量而多出的车辆就如同被震荡波所"吸

收”一样, 而造成密度的增加. 因此, 流量差 = 密度差 × 吸收速率. 用数学式表示:

$$(\alpha - c) = (d - k)p$$

$$p = (\alpha - c)/(d - k)$$

同理

$$q = (c - \beta)/(d - k')$$

震荡波的前缘在时-空坐标的变化如图 1.7 所示. 在 $t = s$ 时, 拥塞区最大达到 h. 让 $T = s - t_0$ 代表震荡波增长的时段, 在 T 时段与 l 路段里 (可称为 $(T \times l)$ 空间) 所有车辆的总计行车时间:

$$\begin{aligned} TTT &= k(l-h)T + \frac{k+d}{2}hT \\ &= k(l-pT)T + \frac{k+d}{2}(pT)T \\ &= k\left(l - \frac{\alpha-c}{d-k}T\right)T + \frac{k+d}{2}\left(\frac{\alpha-c}{d-k}T\right)T \\ &= klT + \frac{\alpha-c}{2}T^2 \\ &= u\frac{l}{v}T + \frac{\alpha-c}{2}T^2 \end{aligned} \tag{1.6}$$

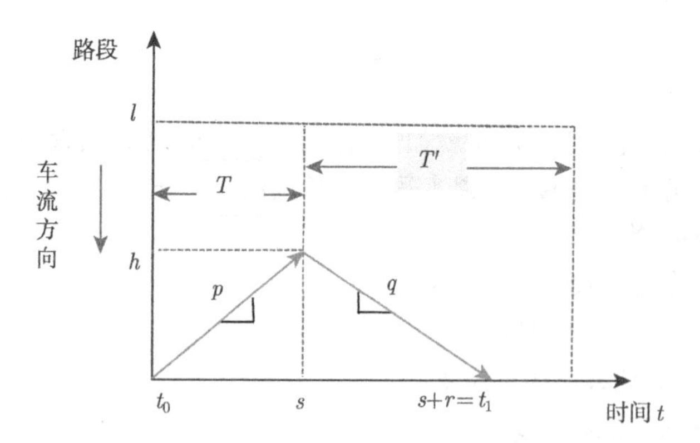

图 1.7 在时间与空间里的震荡波

上式中 l/v 是走过 l 路段的正常行车时间, uT 是 T 时段通过的车辆数. (1.6) 的第一项可视为对所有车辆“服务时间”的总和, 因为 $N(s) = (\alpha - c)T$, 第二项等于图 1.6(a) 中以 $N(s)$ 为底, $T = s - t_0$ 为高的三角形面积, 由 (1.4) 可知此为在 T

时段内所有车辆延误时间之和. 因此 (1.6) 式的 $TTT =$ 在震荡波增长的 T 时段服务系统 (高速公路) 上顾客 (车辆) 等待时间 (行车时间) 的总和.

在震荡波减退至消失后的时段 $T' > t_1 - s$ (参考图 1.6 与图 1.7), 同样的概念可得

$$
\begin{aligned}
TTT &= k(l-h)T' + \frac{k'+d}{2}h\frac{h}{q} + k'h\left(T' - \frac{h}{q}\right) \\
&= k(l-h)T' + \frac{k'+d}{2}\frac{d-k'}{c-\beta}h^2 + k'h\left(T' - \frac{d-k'}{c-\beta}h\right) \\
&= [k(l-h)T' + k'hT'] + \frac{h^2}{2(c-\beta)}(d-k')^2 \\
&= [k(l-h)T' + k'hT'] + \frac{c-\beta}{2}r^2 \quad (r = \text{拥塞消失所需的时间}) \\
&= u\frac{l}{v}T' + \frac{c-\beta}{2}r^2 \qquad [(c-\beta)r = (\alpha - c)T]
\end{aligned}
$$

等于在震荡波消退的 T' 时段服务系统 (高速公路) 上顾客 (车辆) 等待时间的总和.

在车辆密度为 d, 车行速度为 v, 而长度为 l 的路段, 其车辆通过率 $u = d \times v$. 此式可改写作

$$
(d \times l) = u \times (l/v)
$$

这样就再次得到 (1.5) 的关系: L(平均车辆数) $= \lambda$(通过率) $\times W$(平均车行时间). 事实上, 这是一个常用的公式. 下面将作进一步的讨论.

1.5 基本公式: $L = \lambda W$

服务系统的状态除了用累计的到达与离去数显示外, 还可用队列长度的变化来表示. 在图 1.8 中, 每到达一个顾客, 上图的队长 $N(t)$ 与下图的累计到达数 $A(t)$ 就分别加一. 当一个顾客离去时, $N(t)$ 减一, 累计离去数 $B(t)$ 则增一. 因此 $N(t) = A(t) - B(t)$. 上图 $N(t)$ 以下的面积 a 等于 $A(t)$ 与 $B(t)$ 之间的面积 a_1. 令 t_i 与 t'_i 分别为第 i 个顾客到达与离去的时刻, S_i 为其服务时间. n 为一繁忙期中服务的顾客数 (图 1.8 中, $n = 5$), 那么

$$
a = \int_{t_1}^{t'_n} N(t)dt = \int_{t_1}^{t_{n+1}} N(t)dt = \int_{t_1}^{t_{n+1}} [A(t) - B(t)]dt
$$

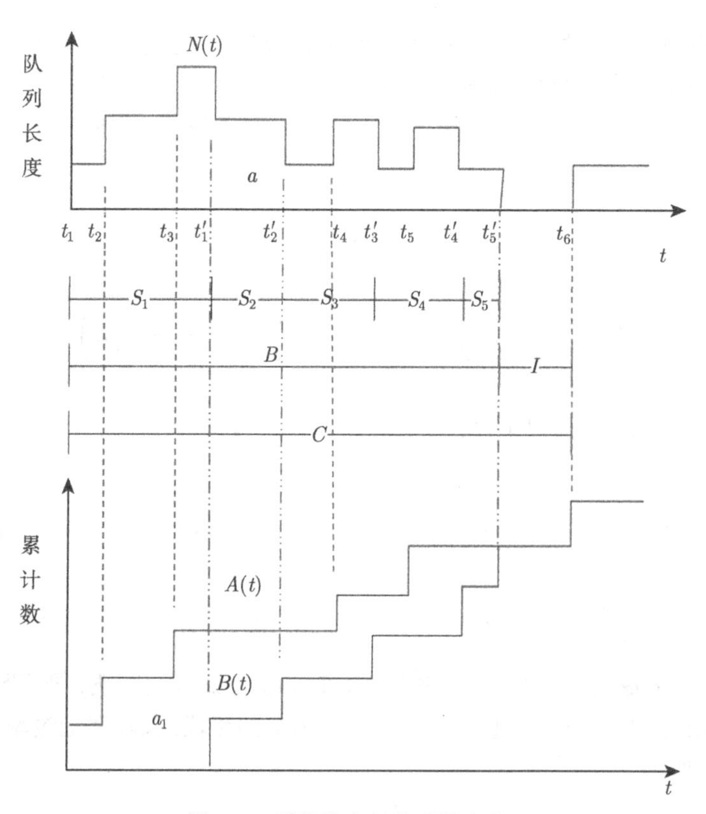

图 1.8　系统状态与队列的变化

由于等待时间 $W_i = t_i' - t_i$, a_1 可视为由 n 个宽分别为 W_i 而高为 1 的长方形所组成. 平均等待时间:

$$W = \frac{1}{n}\sum_{i=1}^{i=n} W_i = \frac{1}{n}\sum_{i=1}^{i=n}(t_i' - t_i) = \frac{a_1}{n} = \frac{a}{n}$$

$$C(\text{繁忙周期}) = t_{n+1} - t_1 = t_{n+1} - t_n' + t_n' - t_1$$

$$= B(\text{繁忙期}) + I(\text{闲置期}) = \sum_{i=1}^{n} S_i + I$$

故

$$L = \int_{t_1}^{t_{n+1}} \frac{N(t)dt}{t_{n+1} - t_1} = \frac{a}{C} = \left(\frac{n}{C}\right) W = \lambda W$$

这层关系成立的前提在于: 在时间轴上 $\{A(t) = B(t)\}$ 不断重复出现. 因此可证得定理 1.2(Stidham, 1974).

定理 1.2 假设 (i) $W = \lim_{n\to\infty} \frac{\sum_{i=1}^{n} W_i}{n} < \infty$, (ii) $\lambda = \lim_{t\to\infty} \frac{A(t)}{t} < \infty$, 则

$$L = \lim_{t\to\infty} \frac{\int_0^t N(s)ds}{t} < \infty$$

而且

$$L = \lambda W \tag{1.7}$$

任何服务系统, 只要 (i) 顾客等待时间的均值存在, 以及 (ii) 顾客到达率不是无限大, 它们的乘积就等于平均队列长度.

此定理有广泛的应用. 把例 1.1 的服务台单独分离为一"子系统", 那么当服务系统繁忙时, 服务台的队列长度为 1, 反之为 0. 每一顾客花费在服务台的时间等于他的服务时间. 所以服务台的使用率

$$\begin{aligned}\rho &= \text{服务台被占用的时间比例}\\ &= \text{服务台上平均队列长度}\\ &= \lambda \times E[S]\\ &= \lambda/\mu\end{aligned} \tag{1.8}$$

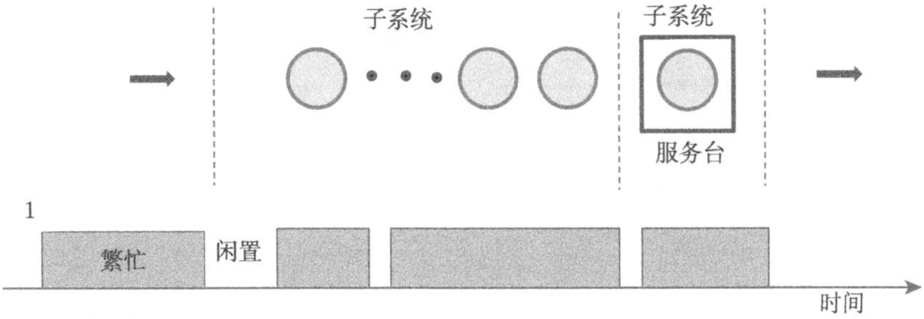

子系统

子系统

服务台

1

繁忙

闲置

时间

系统上顾客拥挤的程度与服务台繁忙的程度相当, 当 $\rho = \lambda/\mu \to 1$ 或者 $E[T] - E[S] \to 0$ 时就是其极限.

令 Q 为平均等候接受服务的顾客数, d 为等候接受服务的平均延误时间. 以等候服务的为一子系统, 其顾客到达率仍是 λ, 故 $Q = \lambda d$. 系统平均队长分为两部分之和

$$L = Q + \rho = \lambda d + \lambda E[S] = \lambda W$$

其他方面的应用尚多, 兹举数例如表 1.1 所示.

表 1.1

例	L	λ	W
电话询问中心	平均未完成的询问	电询率	平均通话时间
图书馆	平均外借图书量	每日外借数	平均外借天数
水库 (存量)	平均存量	每月流入量	平均库存月数
组织 (人事)	平均员工人数	年雇用率	员工平均留在组织年数
生产	平均在制品的数量	生产率	平均生产周期

在最后一例中, 对一生产线来说, 如果生产率 (λ) 不变, 平均生产周期就和平均在制品的数量成正比; 缩减周期就需减少在制品.

1.6　波动效应 —— 随机波动对服务绩效的影响

在现实的世界里, 处处存在随机性. 服务需求发生的时刻与服务时间都可为变数. 此变易是造成系统低绩效的主要原因. 下面就以简单的图析方法来说明“波动效应”的基本概念.

图 1.9 中五个图形皆有上下两条阶梯曲线, 分别代表累计到达数与累计离去数. 如果

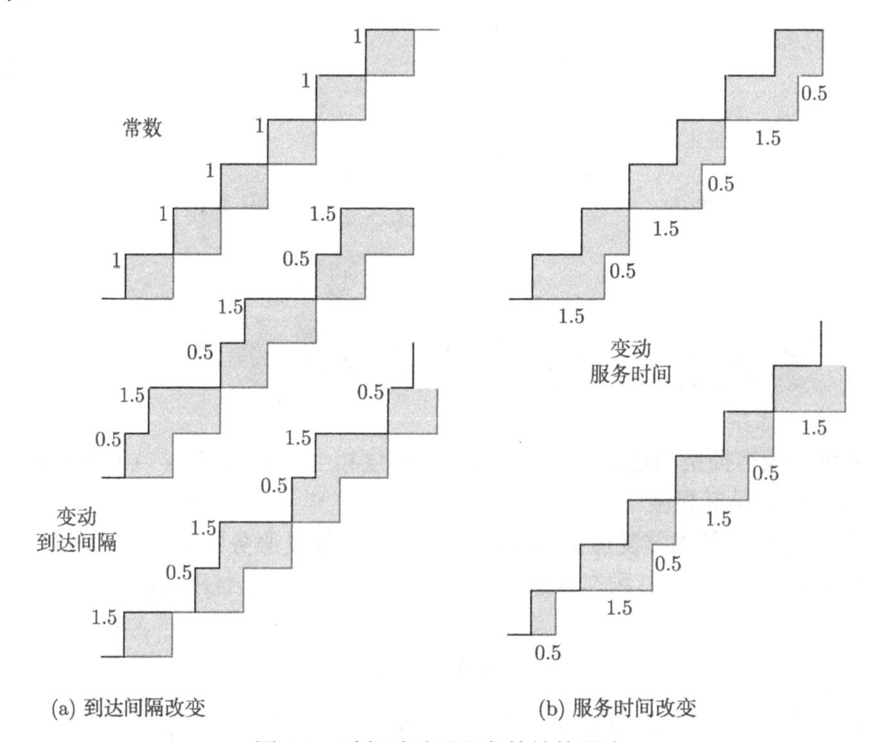

(a) 到达间隔改变　　(b) 服务时间改变

图 1.9　随机波动对服务绩效的影响

(i) 到达间隔与服务时间都是等于 1 的常数 (如图 1.9(a) 最上图形所示): 其队长恒等于 1. 由于到达率也是 1, 因而 $W = L/\lambda = 1$.

(ii) 到达间隔以 0.5 和 1.5 交替出现, 服务时间仍为常数 1(图 1.9(a) 中下二图形所示): 等待时间一半为 1, 一半为 1.5, 所以 $W = (1 + 1.5)/2 = 1.25$, $\lambda = 1$, $L = 1.25$.

(iii) 到达间隔为常数 1, 服务时间以 0.5 和 1.5 交替出现 (图 1.9(b) 两图形所示): $W = (1 + 1.5)/2 = 1.25$, $\lambda = 1$, $L = 1.25$.

由此观察可知, 随机波动可以造成服务系统的绩效问题. 然而此问题的严重程度可因降低服务时间而减少. 图 1.10 的服务时间减为 0.5, 此时, 不论到达间隔固定为 1, 还是 0.5 和 1.5 交替出现, 都有 $W = 0.5$. 这是因为快速的服务可缩减队列长度, 但是这往往是以低使用率为代价的.

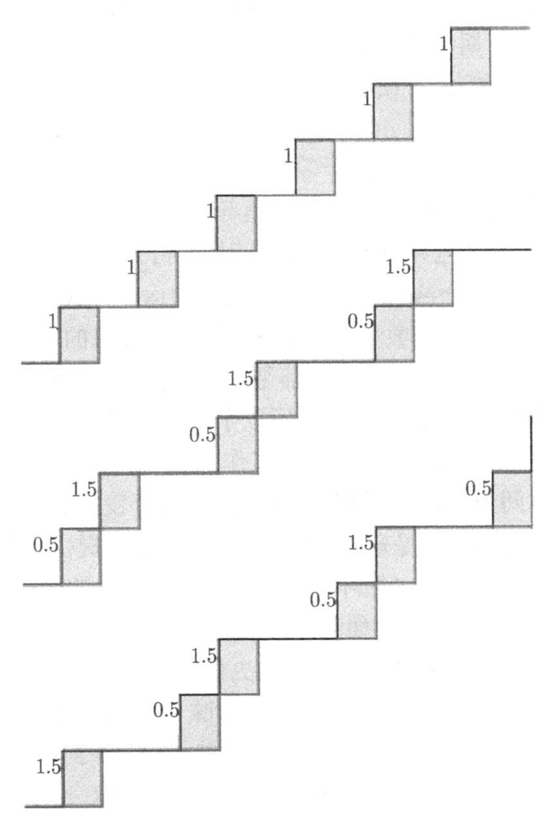

图 1.10 缩短服务时间可降低随机波动对服务绩效的影响

在处理实际问题时, 如果平均服务时间与平均到达间隔相差超过 30%, 波动效应就不会太显著. 在第 7 章分析生产线问题时, 再作进一步的讨论.

1.7　排队规则对服务绩效的影响

虽然对顾客提供服务的顺序并不会改变工作的总量, 但是对顾客等待时间却可造成影响.

(i) 一般情况下, 公平合理的假设是“先到先占”(first-come-first-served). 可以证明在此条件下等待时间的方差 (variance) 最小.

(ii) 极少数情况下, 服务顺序会是“后到先占”(last-come-first-served). 计算机内为了操作方便, 有时把陆续待做的工作叠放于一个清栈表 (stack list) 的上层, 执行工作时就先由上层取出. 这样就成了先作后产生的工作. 图 1.5 所示的等待时间 $w(s)$ 是先到先占的结果. 在后到先占的假设下, 首先应注意到在时间点 s, 队列还在不断增长, 队长超过 $N(s)$ 的顾客都是 s 以后才到, 所以会先于 s 点到达者离去, 只有当队长走过最高峰期再降回到与 $N(s)$ 等长时, s 点到达者的等待时间才会结束. 由图中可知在交通繁忙期 (t_0, t_2), (a) 所有累加的等待时间不因排列规则改变而变, (b) 服务总次数 $A(t_2) - A(t_0) = B(t_2) - B(t_0)$ 不变, (c) 所以平均等待时间也不变, (d) 但是最短的等待时间近于零发生在队列最长时刻 (此时 $A(t) - B(t)$ 最大), 等待时间最长的是 t_0 时刻到达者, 其值等于 $(t_1 - t_0)$. 由此可见: 先到先占条件下的各顾客等待时间之差异小于后到先占时的等待时间的差异.

(iii) “短者先占”(shortest first) 是一个常见的运作方式, 公路上让快速车走快速道, 超级市场开专道替购物数量少的顾客算账, 计算机的中央处理器 (CPU) 先选占用时间短的工作处理. 所有的目的都是减少拥塞. 从逻辑上来讲, 让短者先做, 队列长度会相对较短, 由于到达率不变, 所以平均等待时间也会缩减 (为什么?). 假设两项工作分别费时 x 和 y. 先做第一项工作, 总共等待时间为 $2x + y$. 若是第二项先做, 累计等待时间为 $2y + x$. 那么短者先做就会有较少的累计等待时间.

(iv) 虽然“短者先占”是提升绩效的好办法, 但是在提供服务之前并不一定知道服务时间的长短. 因此就有“循环占用”(round robin) 的方法出现, 顾客每次接受服务时, 一次不得超过 Δ 时间, 如到时未能完成, 就必须中断服务, 并重新回去排队等候下轮服务. 这种方法常见于计算机中央处理器的派发工作 (dispatching). 为了简化问题, 可求得 $\Delta \to 0$ 的解. 此条件就意味着系统上所有的顾客同时占用服务台, 如有 n 个人, 则各人分得 $1/n$ 的服务, 也就是说, 对个人而言, 服务率由 μ 降为 μ/n, 所以也称为“共同占用”(processor sharing). 当然, 由于到达和离去造成队长改变, 每个顾客分到的服务份额也会随之变动.

(v) 另一种照顾短者但较为复杂的办法是“反馈占用”(feedback). 其法类似于循环占用, 不同之处是: 每次经过 Δ 时间而未完成服务者, 就被安排到下一层队列等候, 一旦服务台空出来后 (离去系统或下台排队), 就由最上一层队列中排第一者占用服务台. 所以按照接受服务的多寡, 顾客被分至不同层级的队列, 越上层有越高的优先权. 此外, 也类似于共同占用. 作为近似解, $\Delta \to 0$ 的条件可简化问题, 在系统上的所有顾客都接受过同样时间的服务, 而新到达者会一直独占服务台, 直到其接受的服务与其他者相同, 此刻所有顾客就按同一份额得到服务.

(vi) "优先占用" (priority) 是指不同类别的顾客有不同优先权占用服务台, 同类别者则按先后到达顺序排队. 如果排队规则允许具有高优先权者移除正接受服务的低优先权者时, 则称为"抢占"或称为"强占", 否则称为"非抢占"或"非强占". 几乎在所有的允许抢占的问题里, 都会假定被抢占者下次由中断处继续接受服务.

第2章 服务需求

如前所示, 随机服务系统的行为由顾客 (i) 来到系统的过程以及 (ii) 服务时间所决定. 本章将讨论这两项在实际运作上的特性.

2.1 简单到达过程及其特性

一个随机过程 (stochastic process), $\{N(t),\ t \in R\}$ 是一序列的随机变数, 而变数本身是“时间”的函数, 可以是离散形式, 如 $t = 1, 2, \cdots$, 或连续形式, 如 t 为实数. 到达过程 (arrival process) 可视为一计数过程 (counting process). 最常见的形式是泊松过程 (Poisson process). 定义如下.

定义 2.1 (泊松过程) 泊松过程是符合下列条件的一个计数过程 $\{N(t), t \geqslant 0\}$.

(i) $N(0) = 0$;

(ii) $P[\text{在}(0,t)\text{内到达数} = 0] = 1 - \lambda t + o(t)$,

$P[\text{在}(0,t)\text{内到达数} = 1] = \lambda t + o(t)$,

$P[\text{在}(0,t)\text{内到达数} \geqslant 2] = o(t)$; (有序性-稀少事件)

(iii) $P[N(t+h) - N(t) = i, N(t) = j]$,

$= P[N(t+h) - N(t) = i]P[N(t) = j]$; (增量独立性)

(iv) $P[N(t+h) - N(t) = i] = P[N(h) = i]$. (增量平稳性)

第一个条件是为了计数方便.

第二条件中 $o(t)$ 是一个比 t 更快接近 0 的函数, 也即 $\lim_{t\to 0} o(t) \to 0$. 譬如 t^2 就是这样的函数. 此条件是说在极短时间内, (a) 不太可能有两个或两个以上的顾客到来; (b) 一个到达事件发生的概率与时间长短成比例, 其中 $\lambda > 0$.

条件三陈述的是: 在两个互不重叠的时段里, 到达的次数互为独立. (因为这个缘故, 在观察事件的发生时, 就无需顾及上次事件何时发生, 这样的特性称为“无记忆性”).

最后, 条件四是说: 在同一长度时段中, 到达次数的分布相同, 且与时段何时开始无关. (其引申的意义就成为: 一事件发生 (到达的次数 = 1) 在任何长度相同的时段的概率相同, 或者说: 已知在某时段有一事件发生, 那么在该时段内, 发生在任何时间的机会均等, 因此发生时刻就一定是均匀分布 (uniformly distributed) 于该时段之内).

在此四条件下, 可证明 $N(t)$ 服从于一均值为 λt 的泊松分布:

$$P[N(t)=n]=e^{-\lambda t}\frac{(\lambda t)^n}{n!},\quad n=0,\ 1,\ 2,\cdots \tag{2.1}$$

而且下面 I, II, III 项互为充要条件:

I. (i) $N(0)=0$,

(ii) $\{N(t),t>0\}$ 具增量独立性,

(iii) $P[N(t+s)-N(s)=n]=e^{-\lambda t}\dfrac{(\lambda t)^n}{n!}$, $n=0,\ 1,\ 2,\cdots,s,t>0$.

II. 到达间隔, $\{T_1,T_2,\cdots\}$ 为相互独立, 且都具有以 $1/\lambda$ 为均值的指数分布 (exponential distribution), λ 为其到达率.

III. 到达时间, $\{t_1,t_2,\cdots\}$, 均匀分布于时间轴上, 且到达率为 λ.

参照图 2.1 可知 $\{T_1>t\}$ 表示在 t 之前尚无顾客到达, 因此 $\{N(t)=0\}$. 由 (2.1)

$$P[T_1>t]=P[N(t)=0]=e^{-\lambda t}$$

利用条件概率

$$\begin{aligned}
P[T_2>t]&=E[P[T_2>t|T_1=s]]\\
&=E[P[N(t+s)-N(s)=0|T_1=s]]\\
&=E[P[N(t+s)-N(s)=0]]\quad (\text{独立性: } s \text{ 之后发生的与 } T_1 \text{ 无关})\\
&=E[P[N(t)=0]]\quad (\text{平稳性})\\
&=e^{-\lambda t}
\end{aligned}$$

同理, 令 $S_n=\sum\limits_{i=1}^{n}T_i$, 则

$$P[T_n>t]=E[P[T_n>t|S_{n-1}]]=e^{-\lambda t}$$

所以 $T_1,T_2,\cdots,T_n$ 有互为独立的同一指数分布.

第 n 个到达时间 $S_n=\sum\limits_{i=1}^{i=n}T_i$ 因此为伽马 (Gamma) 分布, 其均值为 n/λ.

$$\begin{aligned}
P[S_n>t]&=\int_t^{\infty}e^{-\lambda x}\frac{(\lambda x)^{n-1}}{(n-1)!}\lambda dx\quad \left(\text{利用}\int udv=uv-\int vdu,\quad v=-e^{-\lambda x}\right)\\
&=\frac{(\lambda x)^{n-1}}{(n-1)!}(-e^{-\lambda x})|_t^{\infty}-\int_t^{\infty}(-e^{-\lambda x})\frac{(\lambda x)^{n-2}}{(n-2)!}\lambda dx
\end{aligned}$$

$$= e^{-\lambda t}\frac{(\lambda t)^{n-1}}{(n-1)!} + \int_t^{\infty} e^{-\lambda x}\frac{(\lambda x)^{n-2}}{(n-2)!}\lambda dx \quad (\text{循环利用同一方法})$$

$$= \sum_{j=0}^{n-1} e^{-\lambda t}\frac{(\lambda t)^j}{j} = P[N(t) \leqslant n-1]$$

第 n 个到达的时间大于 t 就等于在 t 之前到达次数少于 n (小于等于 $n-1$). 同理可知

- $\{S_n > t\} = \{N(t) < n\} = \{N(t) \leqslant n-1\}$
- $\{S_n \leqslant t\} = \{N(t) \geqslant n\}$
- $\{S_n \leqslant t, S_{n+1} > t\} = \{N(t) = n\}$

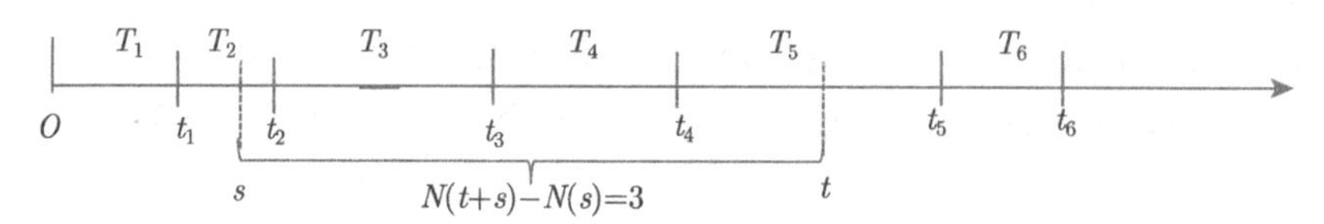

图 2.1 到达时间与到达间隔

1. **指数分布的无记忆性**

T 为指数变数, 其分布函数的参数为 λ (简写作 $T \sim \exp(\lambda)$), 则

$$P[T \leqslant t] = 1 - e^{-\lambda t}, \quad \lambda > 0, t > 0$$

$$P[T > t+s | T > s] = \frac{P[T > t+s]}{P[T > s]} = \frac{e^{-\lambda(t+s)}}{e^{-\lambda s}} = e^{-\lambda t} = P[T > t] \tag{2.2}$$

这就是说, 在 s 时刻还无事件发生 (没有顾客来到), 则从 s 开始算起到下次事件发生 (下位顾客来到) 的时刻 Y, 仍为同一分布的指数变数. 由于经过 s 时间, 对以后事件发生时间的分布并无影响, 此一无后效的特性就称"无记忆性" (memoryless property).

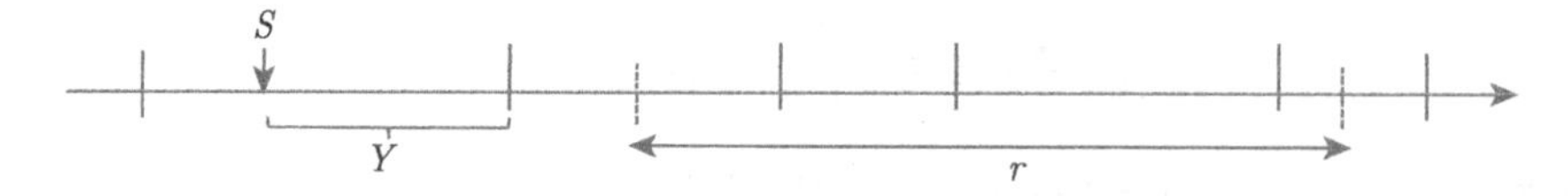

此特性也意味着在任意一时段 r, 事件发生的次数只与 r 大小有关, 而与时段何时开始无关.

再者, (2.2) 也可改写为

$$h(t+s) = P[T > t+s] = P[T > t]P[T > s] = h(t)h(s)$$

因此 $h(t)$ 必定是指数函数. 由此得知在连续随机变数中, 指数变数是唯一具无记忆性者.

2. 到达时刻的均匀分布

在泊松到达过程假定条件下, 已知在 (0, t) 有一事件发生, 此事件发生在 $s(< t)$ 之前的条件概率

$$
\begin{aligned}
P[T < s|T < t] &= P[N(s) = 1|N(t) = 1] \\
&= P[N(s) = 1, N(t) = 1|N(t) = 1] \\
&= P[N(s) = 1, N(t) - N(s) = 0|N(t) = 1] \\
&= \frac{P[N(s) = 1]P[N(t - s) = 0]}{P[N(t) = 1]} \qquad \text{(增量独立性)} \\
&= \frac{(\lambda s e^{-\lambda s})e^{-\lambda(t-s)}}{\lambda t e^{-\lambda t}} = \frac{s}{t}, \quad 0 < s < t
\end{aligned}
$$

也就是说: 已知在 (0, t) 有一事件发生, 其发生的时刻, X 是一均匀分布于 (0, t) 的随机变数, 简写为 $X \sim U(0,t)$. 若是 n 个事件发生在 (0, t) 时段, 那么每个发生时刻 $X_1, X_2, \cdots, X_n$ 都服从同样的均匀分布 $U(0,t)$. (证明参考随机过程的相关教科书)

反之, 可以证明: 若是发生时刻 $(X_1, X_2, \cdots)$ 服从均匀分布 $U(0,t)$, 到达过程就是泊松过程.

假设 $X_1 < X_2 < \cdots < X_n$ 是介于 $(0,t)$ 并按大小排序的均匀随机变数 (order statistics). X_i 和 X_{i+1} 的联合概率密度函数 (joint probability density function, joint pdf) 与 X_i 的密度函数 (pdf) 分别为

$$
f_{X_iX_{i+1}}(x_i, x_{i+1}) = \begin{pmatrix} n \\ i-1, 1, 1, n-i-1 \end{pmatrix} [F(x_i)]^{i-1} [\overline{F}(x_{i+1})]^{n-i-1} f(x_i) f(x_{i+1})
$$

$$
f_{X_i}(x_i) = \begin{pmatrix} n \\ i-1, 1, n-i \end{pmatrix} [F(x_i)]^{i-1} [\overline{F}(x_i)]^{n-i} f(x_i) \tag{2.3}
$$

其中 $f(x) = 1/t$, $\overline{F}(x) = 1 - F(x) = P[X > x] = (t-x)/t$, $0 < x_i < x_{i+1} < t$.

n 个样本中有 $i-1$ 个小于 x_i 而 $n-i-1$ 个大于 x_{i+1}, 这样的组合有 $\begin{pmatrix} n \\ i-1, 1, 1, n-i-1 \end{pmatrix}$ 种.

用 (2.3) 可得 X_{i+1} 的条件密度函数 (conditional pdf)

$$
\begin{aligned}
f_{X_{i+1}|X_i}(x_{i+1}|x_i) &= \frac{f_{X_{i+1}X_i}(x_{i+1}, x_i)}{f_{X_i}(x_i)} \\
&= (n-i)\frac{[\overline{F}(x_{i+1})]^{n-i-1}}{[\overline{F}(x_i)]^{n-i}} f(x_{i+1})
\end{aligned}
$$

$$= (n-i)\left(\frac{t-x_{i+1}}{t-x_i}\right)^{n-i-1}\frac{1}{t-x_i}$$

所以

$$\begin{aligned}\overline{F}_{X_{i+1}|X_i}(x_{i+1}|x_i) &= \left(\frac{t-x_{i+1}}{t-x_i}\right)^{n-i} = \left(1-\frac{x_{i+1}-x_i}{t-x_i}\right)^{n-i}\\ &= P[X_{i+1} > x_{i+1}|X_i = x_i]\\ &= P[X_{i+1}-X_i > x_{i+1}-x_i|X_i = x_i]\end{aligned}$$

此为第 i 与 $i+1$ 事件到达间隔的条件分布.

在 $t-x_i$ 有 $n-i$ 个事件发生. 令 $\lambda = \lim_{t\to\infty}[(n-i)/(t-x_i)]$, $s = x_{i+1}-x_i$, $m = n-i$. 因为 $t\to\infty$ 时 $n\to\infty$,

$$\lim_{t\to\infty}\overline{F}_{X_{i+1}|X_i}(x_{i+1}|x_i) = \lim_{m\to\infty}\left(1-\frac{\lambda s}{m}\right)^m = e^{-\lambda s}$$

由此得知, 到达时间是均匀分布时, 到达间隔即为指数变数. □

在处理实际问题时, 泊松到达过程具有相当的普遍性. 如各事件发生时间互为独立, 且具同分布, 则在一时段内到达次数是泊松变数. 此现象可用泊松分布是二项分布 (binomial distribution) 的极限分布的事实来求证.

n 个独立到达时间有相同的分布 $F(t)$, $t>0$. 其中 k 个在 t 之前到达的概率为二项分布

$$\begin{aligned}P_k(t;n) &= \begin{pmatrix} n \\ k \end{pmatrix}[F(t)]^k[1-F(t)]^{n-k}\\ &= \frac{[nF(t)]^k}{k!}\left(\frac{n}{n}\right)\left(\frac{n-1}{n}\right)\left(\frac{n-2}{n}\right)\cdots\left(\frac{n-k+1}{n}\right)[1-F(t)]^{n-k}\end{aligned}$$

如 $a(t) = nF(t) > 0$ 为有限值, 那么当 $n\to\infty(F(t)$ 值任意小),

$$\begin{aligned}&\lim_{n\to\infty}P_k(t;n)\\ &= \lim_{n\to\infty}\frac{[nF(t)]^k}{k!}\left(\frac{n}{n}\right)\left(\frac{n-1}{n}\right)\left(\frac{n-2}{n}\right)\cdots\left(\frac{n-k+1}{n}\right)\left[1-\frac{nF(t)}{n}\right]^{n-k}\\ &= \frac{[a(t)]^k}{k!}e^{-a(t)}\end{aligned}$$

假设均匀到达时间, $F(t) = t/T$, $0<t<T$, $a(t) = nF(t) = nt/T = \lambda t$. 让 $n\to\infty$, $T\to\infty$, 则 $\lambda = n/T$ 就是到达率.

定义 2.2(队列长度的概率分布) 令 $\alpha_j(t)$ 为在 $(0, t)$ 到达者看到队列长度为 j 的次数, $\beta_j(t)$ 为在 $(0, t)$ 离去者看到队列长度为 j 的次数, $q_j(t)$ 为在 $(0, t)$ 队列长度为 j 的总计时间 (图 2.2 横坐标上粗线段的总和).

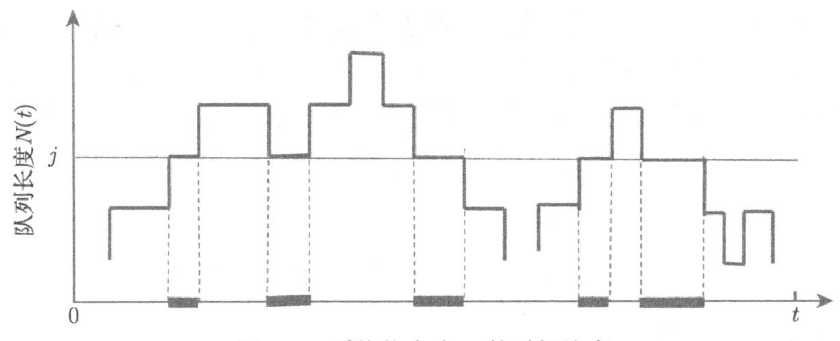

图 2.2 系统状态为 j 的时间比率

服务系统状态的概率分布有三种不同界定:

(i) 到达平均概率 (arrival average probability):

$$a_j = \lim_{t\to\infty} \alpha_j(t)/\sum_{i=0}^{i=\infty} \alpha_i(t)$$

(ii) 离去平均概率 (departure average probability):

$$b_j = \lim_{t\to\infty} \beta_j(t)/\sum_{i=0}^{i=\infty} \beta_i(t)$$

(iii) 时间平均概率 (time average probability):

$$P_j = \lim_{t\to\infty} q_j(t)/\sum_{i=0}^{i=\infty} q_i(t) = \lim_{t\to\infty} q_j(t)/t \qquad \square$$

一个合理的系统, 无论状态如何变化, 其队列长度终究会归于零. 由图 2.3 可知: 每一繁忙周期 (C) 里, 队长曲线分别从下与从上跨过 $N(t)=j$ 水平线的次数相同, 即 $\alpha_j(C)=\beta_j(C)$. 因此

$$a_j = b_j, \quad j=0,1,2,\cdots \tag{2.4}$$

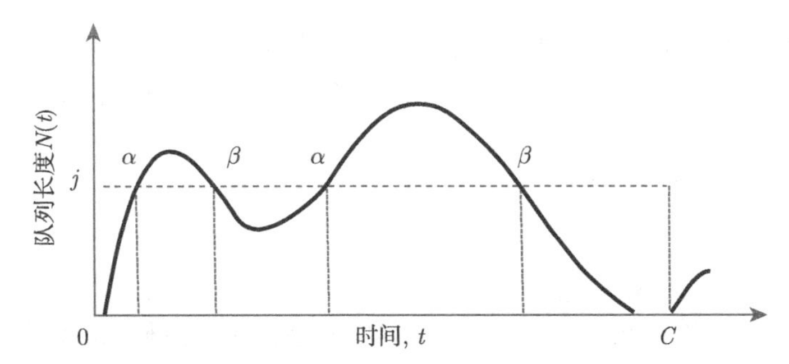

图 2.3 到达者与离去者看见系统状态为 j 的次数相当

时间平均概率是以系统呈现的各个状态在时间上所占的比例来计算. 如果任取一时间点, 那么该点落在系统状态为 j 的时段的概率就与状态 j 在时间上所占的比例成正比. 因此, 时间平均概率分布就等同于在任意一时间点观察到系统状态的概率分布. 由此可得下面的结果 (数学证明从略).

3. 泊松到达与时间平均概率

由于泊松到达过程顾客到达时间是均匀分布, 时间平均概率

$$
\begin{aligned}
P_j &= \lim_{t\to\infty} q_j(t)/t \\
&= \text{系统状态为 } j \text{ 的时间比例} \quad (\text{参照图 } 2.3) \\
&= P[\text{队列长度} = j] \\
&= P[\text{在一随机 (选取) 时间点观察到队列长度} = j] \\
&= P[\text{泊松过程到达的顾客看队列长度} = j] = a_j = b_j, \quad j = 0, 1, 2, \cdots
\end{aligned}
\tag{2.5}
$$

此特性 (“泊松到达者见到时间平均量” Poisson arrivals see time average) 称为 PASTA. □

第 1 章曾讨论过 $L = \lambda W$ 的公式. 一个直接的应用就是以服务台为一子系统, 然后求得 (1.8), 所以服务台的使用率 $\rho = \lambda/\mu$. 当服务台被占用就意味着队列长度大于 0, 因此 $1 - P_0 = \rho$, 或者 $P_0 = 1 - \rho$. (注意: 此式的成立与到达过程无关, 也与服务时间的分布无关) 对泊松到过程而言, 则 $a_0 = 1 - \rho$.

4. 指数分布与泊松过程的其他性质

除了无记忆性与均匀分布外, 指数分布与泊松过程还有几个有用的特性.

假设 $T_1 \sim \exp(\lambda_1)$ 与 $T_2 \sim \exp(\lambda_2)$ 互为独立.

(i) 令 $T = \min(T_1, T_2) = T_1 \wedge T_2$

$$
P[T > t] = P[T_1 \wedge T_2 > t] = P[T_1 > t]P[T_2 > t] = e^{-(\lambda_1+\lambda_2)t} \tag{2.6}
$$

无论何者为小, 都是以二者发生率之和 $\lambda_1 + \lambda_2$ 为其参数.

(ii) $P[T_1 > T_2] = E[P[T_1 > T_2 | T_2 = s]] = E[P[T_1 > s | T_2 = s]]$

$$
\begin{aligned}
&= \int_0^\infty e^{-\lambda_1 s}\lambda_2 e^{-\lambda_2 s} ds = \frac{\lambda_2}{\lambda_1+\lambda_2}\int_0^\infty (\lambda_1+\lambda_2)e^{-(\lambda_1+\lambda_2)s} ds \\
&= \frac{\lambda_2}{\lambda_1+\lambda_2}
\end{aligned}
\tag{2.7}
$$

何者为小的概率与自身的发生率成正比. 同时观察两个互为独立泊松到达过程 (或两个事件下次发生时间为互为独立的指数变数), 那么其中一个到达 (或事件发生) 先于另一者的概率就与各自的到达率成正比.

(iii) 令 $T = T_1 \wedge T_2$

$$
\begin{aligned}
P[T > t, T_1 > T_2] &= P[T_2 > t, T_1 > T_2] \\
&= E[P[T_2 > t, T_1 > T_2 | T_1 = s]] \\
&= \int_t^{\infty} P[t < T_2 < s] e^{-\lambda_1 s} \lambda_1 ds = \int_t^{\infty} [e^{-\lambda_2 t} - e^{-\lambda_2 s}] e^{-\lambda_1 s} \lambda_1 ds \\
&= e^{-(\lambda_1+\lambda_2)t} \frac{\lambda_2}{\lambda_1+\lambda_2} = P[T > t] P[T_1 > T_2] \qquad (2.8)
\end{aligned}
$$

由 (i), (ii) 和 (iii) 可知 $T \sim \exp(\lambda_1 + \lambda_2)$ 的事实与 T_1, T_2 何者为小无关.

下面讨论分裂过程 (split process)、叠合过程 (superposed process) 以及稀释过程 (thinning process).

(iv) 分裂过程: 在泊松过程 $\{N(t), t \geqslant 0\}$ 中发生的事件可分为两类. 属于第一或第二类的概率分别 p 和 $1-p$. 此二类事件发生时间可看成两个子过程 (subprocesses): $\{N_1(t), t \geqslant 0\}$ 和 $\{N_2(t), t \geqslant 0\}$(图 2.4). 那么它们就分别是以 λp 和 $\lambda(1-p)$ 为发生率的泊松过程. 证明如下:

$$
\begin{aligned}
P[N_1(t) = m] &= \sum_{n=m}^{\infty} P[N_1(t) = m | N(t) = n] P[N(t) = n] \\
&= \sum_{n=m}^{\infty} \binom{n}{m} p^m (1-p)^{n-m} e^{-\lambda t} \frac{(\lambda t)^n}{n!} \\
&= \sum_{n=m}^{\infty} \frac{n!}{(n-m)!m!} p^m (1-p)^{n-m} e^{-\lambda t} \frac{(\lambda t)^n}{n!} \\
&= \sum_{n=m}^{\infty} \frac{[\lambda(1-p)t]^{n-m}}{(n-m)!} e^{-\lambda(1-p)t} \frac{(\lambda p t)^m}{m!} e^{-\lambda p t} \\
&= \frac{(\lambda p t)^m}{m!} e^{-\lambda p t}
\end{aligned}
$$

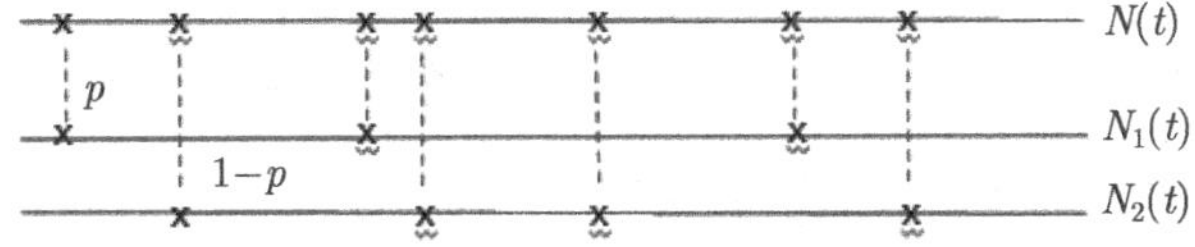

图 2.4 分裂过程与叠合过程

(v) 叠合过程 (superposed process): 反之, 如果 $\{N_1(t), t \geqslant 0\}$ 和 $\{N_2(t), t \geqslant 0\}$ 是分别以 λp 和 $\lambda(1-p)$ 为发生率而互为独立的泊松过程, 则其和 $N(t) = N_1(t) + N_2(t)$ 也是泊松过程.

$$
\begin{aligned}
P[N(t)=n] &= \sum_{m=0}^{n} P[N_1(t)=m, N_2(t)=n-m] \\
&= \sum_{m=0}^{n} e^{-\lambda pt}\frac{(\lambda pt)^m}{m!}e^{-\lambda(1-p)t}\frac{[\lambda(1-p)t]^{n-m}}{(n-m)!} \\
&= \sum_{m=0}^{n} \frac{n!}{m!(n-m)!}p^m(1-p)^{n-m}e^{-\lambda t}\frac{(\lambda t)^n}{n!} \\
&= e^{-\lambda t}\frac{(\lambda t)^n}{n!}
\end{aligned}
$$

由此也可推知, 许多独立 (不同分布) 到达时间组成的到达过程, 也会近似于一泊松过程 (为什么?).

(vi) 稀释过程: 在分裂过程中, 如 p 变得很小, $\{N_1(t), t \geqslant 0\}$ 就是一稀释过程, 而且看起来就像泊松过程. 先看一个简单的过程, 其到达间隔为常数 h, 则稀释过程的到达间隔 T, 即几何随机变数 (geometric random variable). 故

$$
P[T=ih]=(1-p)^{i-1}p, \quad i=1,2,3,\cdots,0<p<1
$$

令 $t=nh>0$,

$$
\overline{F}(t)=P[T>t]=P[T>nh]=(1-p)^n=(e^{\ln(1-p)})^{(t/h)}=e^{[(\ln(1-p))/h]t}
$$

令 $\lambda=-(\ln(1-p))/h>0$. 当 $p\to 0$, $h\to 0$, 则

$$
\overline{F}(t)=e^{-\lambda t}, \quad \lambda>0, t>0
$$

就一般情形而言. 相对于稀释过程的到达间隔 T, 原过程的到达间隔 $\{X_i\}$ 可视为很小的 iid 变数. 它们的关系可写成 $T=\sum\limits_{i=1,\cdots,N} X_i$, 其中 $N\sim \text{Geometric}(p)$. 由于 p 很小, $P[N\gg 1]\approx 1$. 因此 $P[T>t]=P[\Sigma_i X_i/N>t/N]\approx P[N>t/E[X]]=(1-p)^n$. 此处 $\Sigma_i X_i/N\approx E[X]$ 的结果来自大数定理 (law of large number), n 是一大于 $t/E[X]$ 的最小整数, 通常写作 $n=\text{ceil}(t/E[X])$.

(vii) n 个互为独立的更新过程 $\{N_i(t), t\geqslant 0\}$ 的发生率分别是 $\lambda_i, i=1,2,\cdots,n$. 其叠合过程 : $M(t)=\sum\limits_{i=1,\cdots,n} N_i(t)$ 的发生率 $\lambda=\sum\limits_{i=1,\cdots,n}\lambda_i$. 当 $n\to\infty$, $\lambda<\infty$ 时, $M(t)$ 近似于一泊松过程. (这里先提结果, 细节留在后面“剩余寿命”章节时再讨论. 见 (2.12))

例 2.1 (保险计划)　某保险公司在 $(0, t)$ 时间内受理 $N(t)$ 个案件. 因为意外属稀有事件, $N(t)$ 近似泊松过程. 假设其发生率为 λ, 各事件赔偿额 $\{C_i\}$ 为 iid 随

机变数. 那么公司准备金 b, 应符合下列条件:

$$P\left[\sum_{i=1}^{N(t)} C_i \leqslant b\right] = \sum_{n=0}^{\infty} P\left[\sum_{i=1}^{n} C_i \leqslant b | N(t)=n\right] P[N(t)=n]$$

$$= \sum_{n=0}^{\infty} P\left[\sum_{i=1}^{n} C_i \leqslant b | N(t)=n\right] e^{-\lambda t}\frac{(\lambda t)^n}{n!} \quad \left(\text{如} n=0, P\left[\sum_{i=1}^{n} C_i \leqslant b\right]=1\right)$$

$$= \sum_{n=0}^{\infty} P\left[\sum_{i=1}^{n} C_i \leqslant b\right] e^{-\lambda t}\frac{(\lambda t)^n}{n!} > 1-\varepsilon, \quad (\varepsilon \text{ 为一小数, 如 } 0.01)$$

实际运作时 (i) λ 和 $\{C_i\}$ 的分布应可由过去经验得知, (ii) 改变 ε 值算出不同的 b 值以为决策参考, 二者关系应如图 1.1 所示, (iii) 如 $P[N(t) \gg 1] \approx 1$, 可考虑以正态近似法 (normal approximation) 求解. □

例 2.2 (卫星分组交换系统 (satellite packet switching system)) 网络通信常用的协议 (protocol) 是"分组交换" (packet switching) 办法. 一段信息先分割为若干一定长度的"数据包" (packet), 在分别通过网络传送至目的地后, 再进行组合复原. 利用卫星通信时, 地面通信站发射数据包, 由卫星转传至另一地面通信站. 单向传送时间为 τ. 各站独立作业, 发射时间互不相知, 若是两站发射时间间隔小于数据包传送完成时间 (2τ), 两者就会发生冲撞, 导致传送失败.

令

λ 为对卫星而言的到达率 (每 τ 秒的数据包数);

h 为冲撞危险期 (2τ 秒);

p_0 为 P[在 h 没有数据包被发射].

通常地面站的数量庞大, 因此进入卫星频道的交通量可视为泊松过程, 那么 $p_0 = e^{-\lambda h}$. 而以 τ 为时间单位的通过率 $TP = \lambda p_0 = \lambda e^{-\lambda h} = \lambda e^{-2\lambda}$. 利用微分求最大值:

$$d(TP)/d\lambda = e^{-2\lambda} - 2\lambda e^{-2\lambda} = 0 \Rightarrow \lambda = 0.5$$

所以

$$\max_{\lambda}(TP) = 0.5e^{-1} = 0.184$$

真正的使用率最多仅 18.4%. 一个改进办法是事先规定固定发射时段, 每一时段长为 τ, 各地面站只能在每一时段开始发射, 如图 2.5 所示, 这样冲撞危险期 h 就可缩短一半. 在此状况下, 通过率 $TP = \lambda p_0 = \lambda e^{-\lambda h} = \lambda e^{-\lambda}$, 最大值 $\max(TP) = 0.368$. □

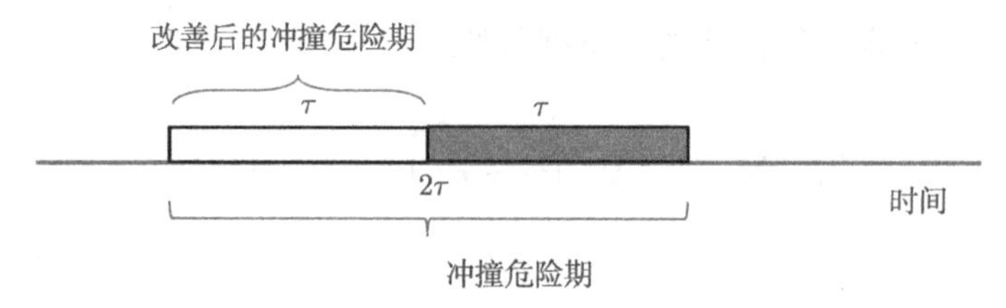

图 2.5　未改善的冲撞危险期

2.2　间隔时间的特性

从上节的讨论已可看出, 事件发生的间隔时间 (如到达间隔、服务时间) 在分析服务系统时扮演了重要的角色, 因此有必要进一步探讨它的特性.

定义 2.3 (随机大于 (stochastically larger))　变数 X 随机大于 Y (写作 $X \overset{\text{st}}{\geqslant} Y$) $\Leftrightarrow P[X > v] \geqslant P[Y > v], \forall v$ 也就是说 X 有较多的可能比 Y 大. □

1. **点检的矛盾** (inspection paradox)

在一更新过程中, 原本各个到达间隔都是 iid. 如今在时间轴上任意选取一点 t, 该点坐落的间隔将随机大于其他各间隔 (图 2.6). 令

$N(t)$ 为在 t 以前事件发生的次数;

T_i 为第 $(i-1)$ 和第 i 事件发生的时间间隔, $\{T_i\} \sim \text{iid}$;

$f(x)$ 为 T_i 的密度函数;

$S_n = T_1 + T_2 + \cdots + T_n$　($S_{N(t)}$ 为第 $N(t)$ 事件发生时刻);

$g(x)$ 为包含 t 的间隔 $T_{N(t)+1}$ 的密度函数.

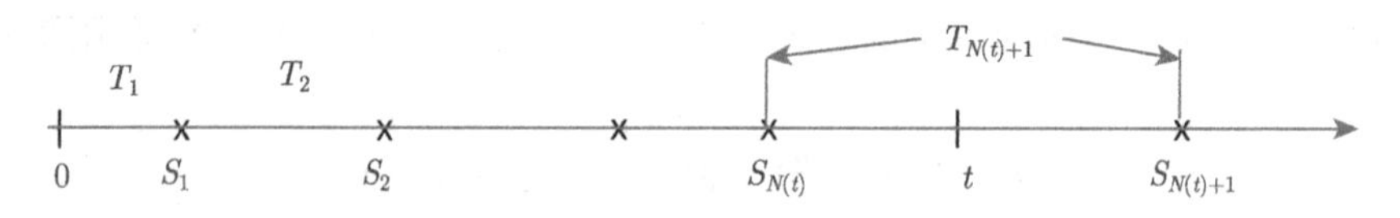

图 2.6　点检坐落的间隔

任意点坐落的间隔, 其密度函数必定与 (i) 间隔长度以及 (ii) 该长度发生的相对频率成正比:

$$g(x) \propto xf(x) \quad 或 \quad g(x) = cxf(x)$$

因而

$$\int_0^\infty cx\, f(x)dx = 1, \quad c = \frac{1}{E[T]}$$

$$\Rightarrow g(x) = \frac{xf(x)}{E[T]}, \quad x > 0 \tag{2.9}$$

那么

$$T_{N(t)+1} \overset{\text{st}}{\geqslant} T_1 \Leftrightarrow \int_t^{\infty} \frac{xf(x)}{E[T]} dx \geqslant \int_t^{\infty} f(x)dx \Leftrightarrow \int_t^{\infty} (x - E[T])f(x)dx \geqslant 0$$

(1) 当 $t \geqslant E[T]$, $b(t) = \int_t^{\infty} (x - E[T])f(x)dx \geqslant 0$;

(2) 当 $t < E[T]$, $b(0) = 0$ 而且 $b'(t) = -(t - E[T])f(t) > 0$ 是增函数. 因此 $T_{N(t)+1} \overset{\text{st}}{\geqslant} T_1$ 成立. □

定义 2.4 (年龄与剩余寿命 (age and excess life)) 一任意时间点 t, 向后算到上一次事件发生时刻称为"年龄", 向前算到下一次事件发生时刻称为"剩余寿命". □

分别以 $Z(t)$ 和 $Y(t)$ 来代表这两者 (图 2.7), $\{Z(t) > x\} = \{(t-x, t)$ 之间没有事件发生 $\} = \{Y(t-x) > x\}$, 所以 $t \to \infty$ 时, Z 与 Y 有相同的分布.

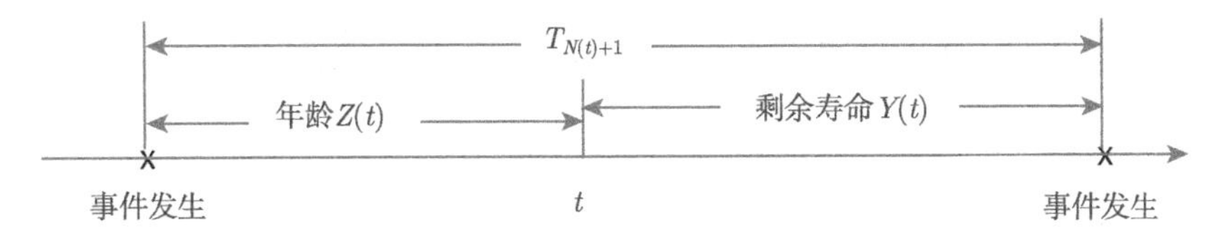

图 2.7 年龄与剩余寿命

令 $h(y) = dP[Y \leqslant y]/dy$. 因为 t 是任意选取的一点, 倘若已知 $\{T_{N(t)+1} = x\}$, Y 的条件密度函数 $h(y|x) = 1/x$, $0 < y < x$. 用 (2.9) 则得

$$\begin{aligned} h(y) &= \int_0^{\infty} h(y|x)g(x)dx \\ &= \int_y^{\infty} \frac{1}{x}\frac{xf(x)}{E[T]}dx \\ &= \frac{1 - F(y)}{E[T]} \end{aligned} \tag{2.10}$$

由对称关系可知, (2.10) 既是剩余寿命的密度函数, 也是年龄的密度函数.

在往后讨论服务系统时, (2.10) 将是一个十分有用的结果. 在一随机点 (或一泊松过程的到达者) 观察到服务台被占用时, 其"剩余服务时间"就可用剩余寿命的概念来表示. 假设服务时间 $S \sim G$, 在一个任意时间察看到的剩余服务时间 $S_e \sim G_e$. 则平均剩余服务时间

$$E[S_e] = \int_0^{\infty} t\frac{1 - G(t)}{E[S]}dt = \frac{1}{2}\frac{1 - G(t)}{E[S]}t^2|_0^{\infty} + \int_0^{\infty} \frac{g(t)}{2E[S]}t^2 dt$$

$$E[S_e] = \frac{E[S^2]}{2E[S]} \tag{2.11}$$

在前面讨论指数分布与泊松过程的其他性质第 (vii) 项时, 曾经提出: 多个互为独立的更新过程的叠合趋近于一个泊松过程. 现可详述如下: 令

$F_i(x)$ 为更新过程 i 到达间隔 X_i 的分布函数, $i = 1, 2, \cdots, n$;

λ_i 为更新过程 i 的发生率 $= 1/E[X_i]$, $i = 1, 2, \cdots, n$ $(\lambda_i > 0)$;

λ 为 $\sum_{i=1,2,\cdots,n} \lambda_i$;

Y_i 为在一任意时刻起算, 分别观察到过程 i 的下一个事件发生的时间 (剩余寿命).

保持 $\lambda < \infty$, 当 $n \gg 1$ 时, 每个各别发生率都变得很小, 若 x 为有限时间则 $F_i(x) \approx 0$, 因此由 (2.10) 得 $P[Y_i \leqslant t] = \lambda_i \int_0^t [1 - F_i(x)]dx \approx \lambda_i t$, 那么在叠合过程中, 下一刻事件发生的时间

$$\begin{aligned} P[Y > t] &\approx (1 - \lambda_1 t)(1 - \lambda_2 t) \cdots (1 - \lambda_n t) \\ &= (1 - \sum_{i=1,2,\cdots,n} \lambda_i t) + o(\lambda/n) \\ &\approx e^{-\lambda t} \end{aligned} \tag{2.12}$$

因此叠合过程近似一个泊松过程.

前面曾证明过 $T_{N(t)+1} \overset{\text{st}}{\geqslant} T_1$. 也很容易用 (2.9) 和 (2.10) 来证明 $T_{N(t)+1} \overset{\text{st}}{\geqslant} Y$. 但是 Y 与 T_1 比较就要借助下面有关可靠性 (reliability theory) 的概念.

定义 2.5 (衰率 (failure rate)) 假定一物的使用寿命为随机变数 $X \sim F(x)$. (pdf : $f(x) = dF(x)/dx$). 衰率

$$r(t) = \frac{f(t)}{1 - F(t)}, \quad t > 0 \tag{2.13}$$

□

2. 衰率的特性

(i) 已知该物寿命在 t 以前尚未终止, 而止于下一刻 $(t, t + dt)$ 的条件概率为

$$P[t < X < t + dt | X > t] = r(t)dt$$

(2.13) 可写作

$$r(t) = -d\ln(1 - F(t))/dt$$

因此

$$1 - F(t) = \int_0^t r(t)dt$$

$$F(t) = 1 - e^{-\int_0^t r(t)dt}, \quad t > 0 \tag{2.14}$$

$F(t)$ 与 $r(t)$ 互为充要条件, 知其一就可知另一.

(ii) 统计分布中 (a) 有些是增衰率 (increasing failure rate, IFR) 分布, 包括正态分布、均匀分布、变异系数 (coefficient of variation) $CV < 1$ 的伽马分布; (b) 有些是减衰率 (decreasing failure rate, DFR) 分布, 包括 $CV > 1$ 的伽马分布, 超指数 (hyper-exponential, 见 (2.20) 式), 帕雷托 (Pareto, 见 (2.17) 式); (c) 还有衰率为常数的分布, 也即 $r(t) = c$. 由 (2.14) 可得 $F(t) = 1 - e^{-ct}$. 因此, 指数分布是"唯一"衰率为常数的分布 (衰率为常数和无记忆性有无关联?) 以及 (d) 衰率非单纯增减的其他分布.

(iii) 人们在日常生活中对预期发生的事, 许多事是等得越久就越容易发生, 所以 IFR 比较容易理解. 对有生命体或有使用年限之物, 在早期 $r(t)$ 为一减函数 (其值会随着 t 增加而减低), 譬如婴儿夭折概率随着年龄增长而下降; 又如, 机械设备在磨合期 (break-in period) 内故障发生概率会逐步随着使用时间而递减. 而至晚期则因老化, $r(t)$ 变成增函数. 在中间时期, $r(t)$ 往往十分稳定而有较低的值 (图 2.8).

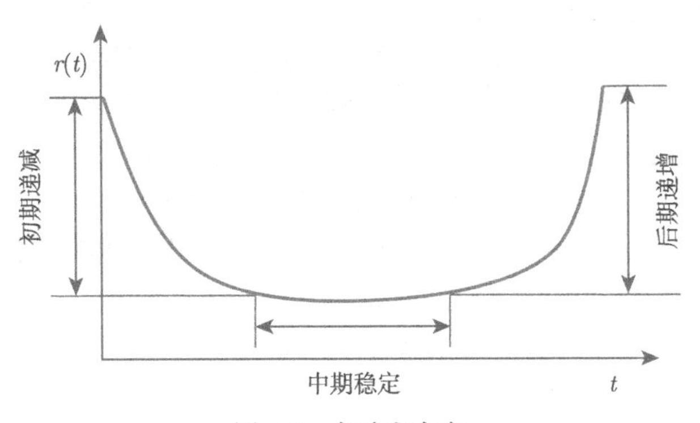

图 2.8 各阶段衰率

(iv) 除了上述的情况外, DFR 分布还见之于资料查阅, 图书馆的一本书籍越是久未出借, 在下一刻被借出的概率就越低. 人们在研究计算机程式行为 (program behavior) 时, 很早就注意到, 储存的资料越久未被用, 就越不会即刻用到 (此特性被称为"区域性" (locality property)), 并依此发展出相应的操作系统中资料储存方案. 机器设备修理时间 (特别是新手) 也可能是 DFR 分布. 这是因为多数故障在一定时间内就会被排除, 碰到疑难杂症时, 修得越久就可能是问题过于复杂, 也越不容易修好 (参见本章末的图 2.13~图 2.15).

(v) DFR 分布尚有两个特征 (证明留给读者去做): (1) pdf 是减函数, (2) $CV > 1$.

(vi) IFR 和 DFR 都是较严格的条件. 在"可靠性原理"(reliability theory) 中有两个较宽松的条件: (a) 新胜于旧 (new better than used, NBU), (b) 期望值的新胜于旧 (new better than used in expectation, NBUE). 它们的定义分别是

$$\text{NBU: } P[X > y] \geqslant P[X > t + y | X > t] \tag{2.15}$$

$$\begin{aligned} \text{NBUE: } \int_0^\infty P[X > y] dy = E[X] &\geqslant E[Y | X > t] \\ &= \int_0^\infty \frac{P[X > t + y]}{P[X > t]} dy \end{aligned} \tag{2.16}$$

不难证明: IFR 是 NBU 的充分条件, NBU 又是 NBUE 的充分条件 (证明从略).

当然, 与此对应就有"新劣于旧"(new worse than used, NWU) 和"期望值的新劣于旧"(new worse than used in expectation, NWUE). 它们有类似的充分条件, 指数变数的衰率是常数, 所以既是 IFR 也是 DFR 分布.

3. 损坏间隔时间 (time between failures)

由于机器损坏通常是一稀有事件, 磨合期比之于整体使用期相对较短 (如汽车使用 20 万公里, 磨合期多半是数千公里). 另一方面, 因为经济原因, 在其老化前就会被淘汰更新, 所以在正常运转时, 机器连续两次损坏间隔时间常呈指数分布 (常数衰率). 简言之, 机器损坏发生为泊松过程通常在应用上是可以被接受的假设.

有一群同类机器时, 有时因为在质量上、使用上、维修上的不一致, 各个机器的衰率相异. 倘若衰率本身为一伽马随机变数, 则总体的损坏间隔时间就是帕雷托分布. 证明如下: 令 $X \sim \exp(Y)$, $Y \sim \text{Gamma}(\lambda, c)$. 损坏间隔时间 X 的损坏率是伽马变数 Y.

$$E[X|Y = y] = 1/y \quad 以及 \quad E[Y] = c/\lambda$$

$$\begin{aligned} P[X \leqslant t] &= \int_0^\infty P[X \leqslant t | Y = y] dF_Y(y) \\ &= \int_0^\infty (1 - e^{-yt}) e^{-\lambda y} \frac{(\lambda y)^{c-1}}{\Gamma(c)} \lambda dy \\ &= 1 - \left(\frac{\lambda}{\lambda + t}\right)^c \int_0^\infty e^{-(\lambda+t)y} \frac{[(\lambda + t)y]^{c-1}}{\Gamma(c)} (\lambda + t) dy \\ &= 1 - \left(\frac{\lambda}{\lambda + t}\right)^c \end{aligned} \tag{2.17}$$

读者可自行证明:

(i) (2.17) 是 DFR 分布;

(ii) $E[X]=\lambda/(c-1)$, $CV[X]=\sqrt{c/(c-2)}>1$;

(iii) $c\to\infty$, Y 就蜕变为一常数 ($P[Y=c/\lambda]=1$). 因而当 c 很大时, X 就近似于纯粹的指数变数.

图 2.9 列举了四组 IBM3380 硬盘生产线测试设备损坏间隔时间的分布.

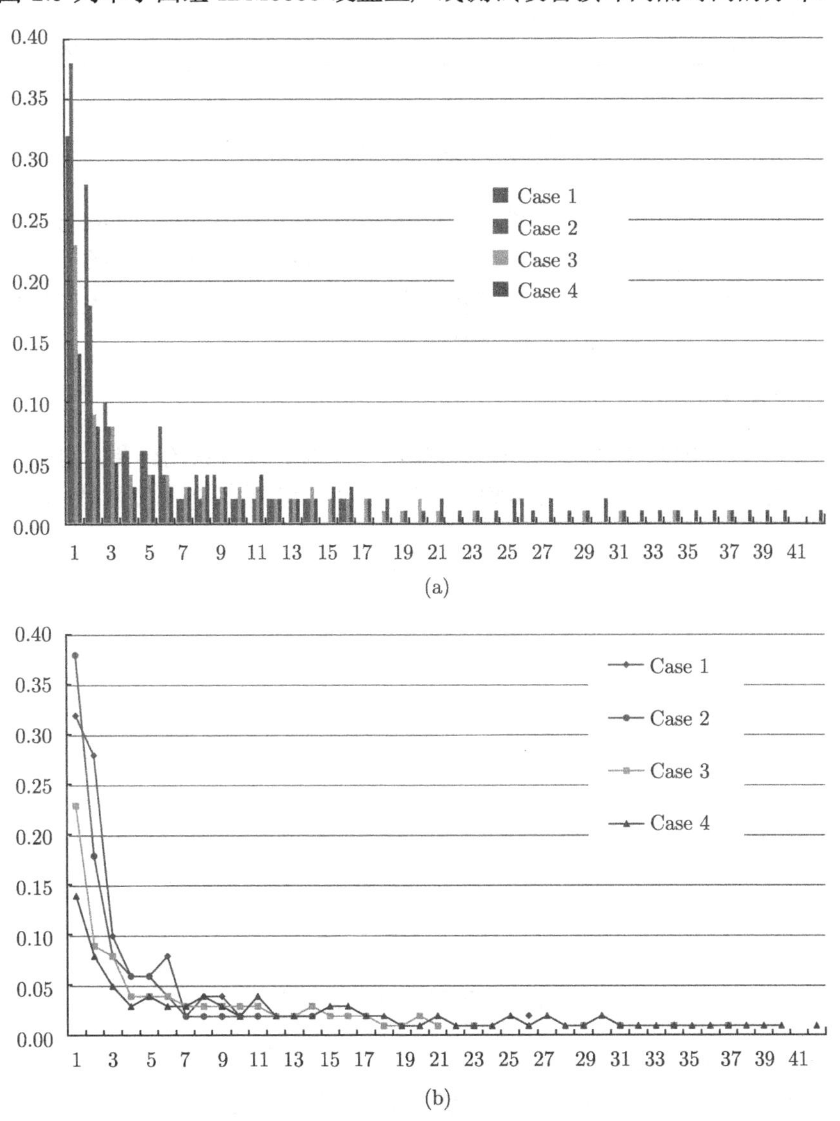

图 2.9　IBM3380 硬盘生产线测试设备损坏间隔时间的分布

各组统计量与指数分布比较如表 2.1 所列. 其中 SK 代表偏斜度 (skewness).

表 2.1　各组统计量与指数分布比较

	$E[X]$	CV	SK
第一组	40.1	1.35	2.82
第二组	35.1	1.30	2.20
第三组	105.9	1.27	2.09
第四组	158.7	1.12	1.78
指数间隔		1.00	2.00

2.3 服务时间

服务时间的长短与分布因系统不同而异. 譬如计算机的服务时间就与中央处理器 (CPU)、记忆与储存装置 (memory and storage units) 以及操作系统 (operating system) 有关. 最常见到的, 也是被了解最多的服务时间, 也许要算是人工操作的时间了. 这里讨论生产组装时间与维修时间.

1. **人工组装时间**

图 2.10 直方图是 IBM 在日本野洲硬盘手工组装线观察的结果. 均值为 16.5 秒, $CV = 0.18$, $SK = 1.41$. 曲线是相同均值与 CV 的对数正态密度函数 (lognormal pdf).

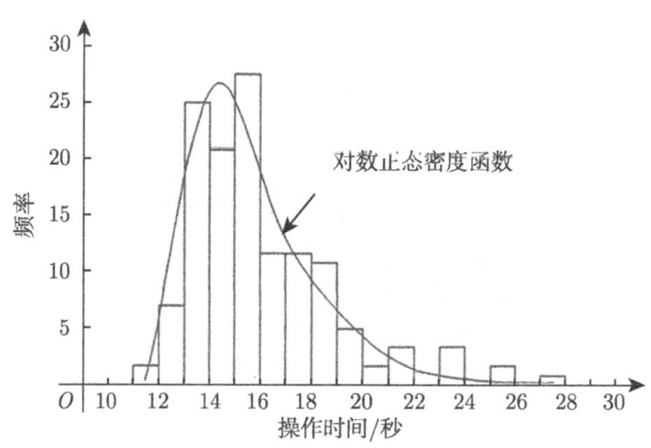

图 2.10　一个手工组装时间的分布

从经验中可知, 手工操作时间 S, 通常符合下列条件:

- $0.10 \leqslant CV \leqslant 0.65$, CV 值最可能介于 0.2 与 0.4 之间
- 密度函数为一右偏分布 (即 $SK[S] > 0$)
- $0.60 \leqslant P[S \leqslant E[S]] \leqslant 0.70$

- $0.40 \leqslant \min(S)/E[S] \leqslant 0.80$
- $1.50 \leqslant \max(S)/E[S] \leqslant 2.50$ (2.18)

在分析问题时, $E[S]$ 与 CV 最为重要. 若是设计一新系统, 前者通常可以根据系统的容量 (最大可能的吞吐率) 定出数值, 若 CV 为未知数, 可假设其值为 0.35.

不同的操作员其操作时间分布往往不尽相同. 图 2.11 是两个不同工人的组装 IBM3375 硬盘轴心部分的时间分布.

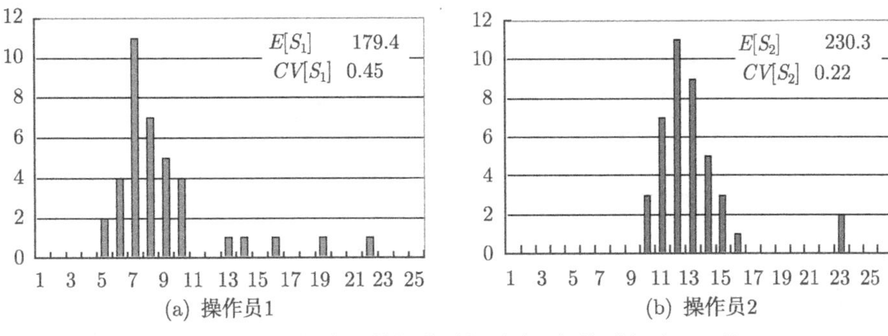

图 2.11 不同操作员其操作时间分布 (每格时间为 20 秒)

这里有数点观察值得提出:

(i) 再次肯定 $CV \in (0.1, 0.65)$;

(ii) 再次肯定二者具为右偏分布;

(iii) $E[S_1]< E[S_2]$ 但是 $CV[S_1]> CV[S_2]$, 二者最大值相近. (操作过程包括一个插入动作, 偶尔因卡件而无法一次顺利完成, 此时操作员就必须把工件移至一旁, 利用特殊装置完成操作, 因此造成较长工时)

(iv) 相对于 S_1 的偏斜度较大, S_2 的分布则更近于正态分布.

人们对一个尚熟练操作总是比较小心仔细, 各次工作时间会接近于正态分布. 熟练的操作员多凭“直觉”操作, 虽能迅速完成工作, 但是偶尔也会偏离正常状况而拖长时间, 因此操作时间的差异变大. 这种现象除了解释了上述 (iii) 与 (iv) 之外, 还见之于学习过程.

在图 1.3 提供的学习过程资料中加上下两线后 (图 2.12), 则清晰可见: 随着熟练程度的增加, 每日的生产数的差异也会逐渐变大. 在未知实际分布的情形下, 可假设①非熟练操作时间为正态分布, CV 必定小于 0.3 (理由?), ②熟练操作时间的分布为伽马分布或对数正态分布: 如果 $\ln(X)$ 为正态变数 $\sim N(m,\sigma)(m=E[\ln X]$, $\sigma = SD[\ln X])$, 则 X 就是对数正态变数, 其密度函数

$$f(x) = \frac{1}{x\sigma\sqrt{2\pi}} e^{-\frac{(\ln x - m)^2}{2\sigma^2}}, \quad x > 0$$

$$E[X] = e^{m+\sigma^2/2}, \quad \mathrm{Var}[X] = (e^{\sigma^2} - 1)(E[X])^2 \tag{2.19}$$

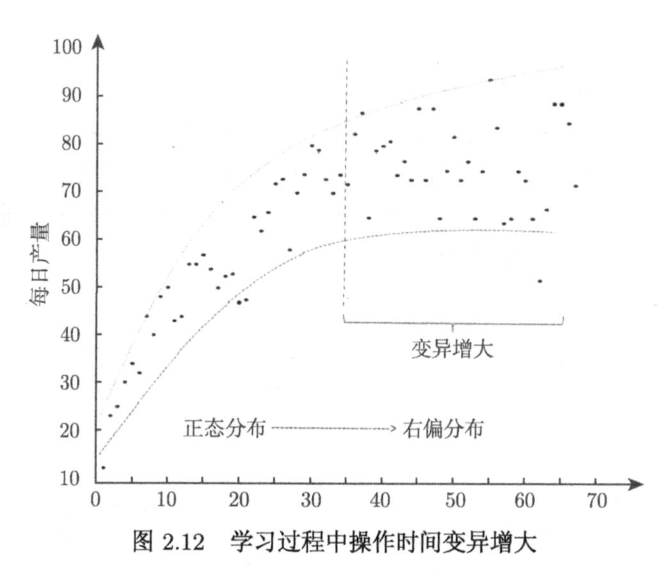

图 2.12　学习过程中操作时间变异增大

2. 设备维修时间

机器设备的维修时间的分布可视作两个分布的组合:

(i) 如对损坏情况相当熟悉, 其分布与手工组装相似, 密度函数 f_1 为一右偏分布 (如图 2.10 的对数正态分布);

(ii) 如对状况不熟悉, 则密度函数 f_2 通常是 DFR 分布, 而呈 L-形态其复合密度函数

$$f(x)=\alpha f_1(x)+(1-\alpha)f_2(x),\quad 0<\alpha<1,x>0 \tag{2.20}$$

在 2000 年的前后十年, 半导体技术的快速发展, 生产设备更新频繁, 对损坏状况未能有充分时间掌握, 因而其修理时间多近于 DFR 分布 (修得越久就越不容易修好). 图 2.13 是一组半导体设备修理时间的分布. 均值 $E[S]=6.4$ 小时, $CV[S]=1.14$(指

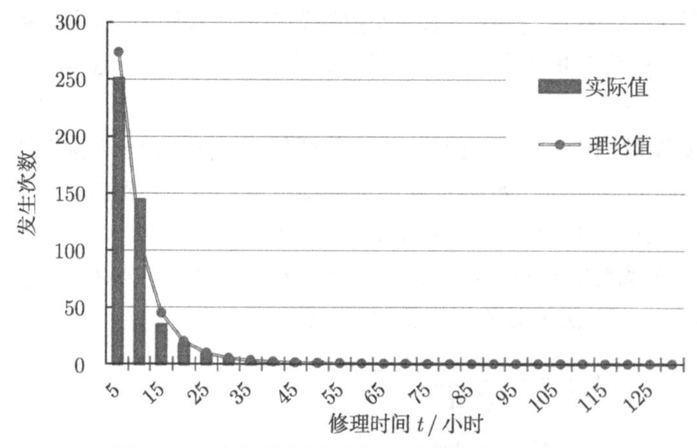

图 2.13　半导体制造设备 A 的修理时间分布

数分布其值为 1), $SK[S] = 3.02$(指数分布其值为 2). 图中实际值为观察结果, 理论值来自于超指数分布:

$$f(t) = 0.13(0.066e^{-0.066t}) + 0.87(0.198e^{-0.198t}), \quad t > 0$$

图 2.14 是另一类半导体设备维修时间 S 的分布. 不同于前, 这是对一组新手的量测结果. 在实际运作上, 每个工作班次为 8 小时, 换班最短时间为半班 4 小时. 因此统计分布以每 4 小时为间隔的衰率来表示: $F(t+4) - F(t)/(1-F(t)) = P[t < S \leqslant t+4|S > t]$. 除其衰率是减函数外, 还应注意到, 修理时间超过 20 小时后, 在下一个 4 小时内完成修理的概率已低于 0.25. 这时应该考虑找更熟练的维修人员来替换了.

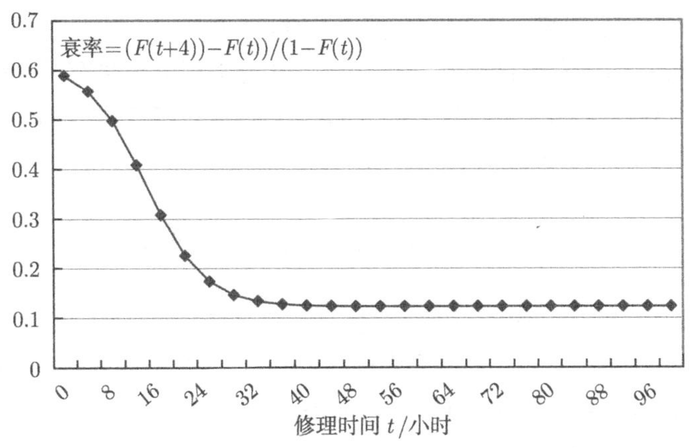

图 2.14 半导体制造设备 B 修理时间的衰率

最后, 图 2.15 是硬盘生产线测试设备修理时间的分布, 右边的长尾巴是 DFR 分布的结果.

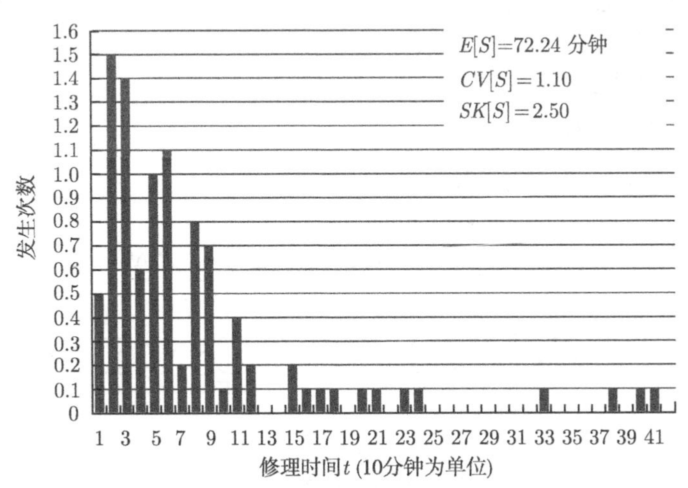

图 2.15 硬盘测试设备的修理时间的分布

第 3 章　简单服务系统模型

随机服务系统的分析与评估主要依靠“排队理论”(queuing theory, 也称等候线理论, theory of waiting line). 对单一服务站的描述习惯上用“坎道表示法”(Kendall's notation), 写成 $A/B/k$. 其中 A 代表到达间隔是何种分布, B 代表服务时间的分布, k 代表服务台的数目. 若 A 或 B 是指数分布, 则 A 或 B 的位置就以 M 作为记号, 例如 $M/M/2$ 代表一个系统有两个 (相同) 服务台, 到达间隔服从指数分布 (泊松到达过程), 而服务时间也是指数变数. 其他常用的记号有 D(常数), U(均匀分布), H(超指数分布), E_r(r-阶埃尔朗分布, 也称伽马分布) 以及 G(一般任何分布, 但多半是连续分布). 下面就从最简单的队列开始进行介绍.

3.1　$M/M/1$ 队列长度分布

当到达或离去事件发生时, 队列长度就跟着改变. 除了在定义 2.2 讨论的三种概率: P_j(时间平均概率), a_j(到达平均概率) 和 b_j(离去平均概率) 之外, 还可设定在稳定状态 (steady state) 下“事件平均概率”. 令

K 为系统状态空间 $= \{0, 1, 2, \cdots\}$;

X_n 为第 n 次事件发生后系统的状态, $X_n \in K$;

N_j 为在时段 $(0, t)$ 内, 因事件发生而导致系统状态 (队列长度) 为 j 的次数;

S_j 为每次系统进入 j 状态后 (在状态再度改变之前) 平均停留的时间;

q_j 为在时段 $(0, t)$ 内, 系统处于 j 态的平均总计时间;

R_j 为 P [事件发生后系统状态为 j].

对于每一个 $j \in K$,

$$
\begin{aligned}
R_j &= \lim_{t\to\infty} N_j \Big/ \sum_{i\in K} N_i \\
P_j &= \lim_{t\to\infty} q_j \Big/ \sum_{i\in K} q_i = \lim_{t\to\infty} S_j N_j \Big/ \sum_{i\in K} S_i N_i \\
&= \lim_{t\to\infty} \left(S_j N_j \Big/ \sum_{m\in K} N_m \right) \Bigg/ \left(\sum_{i\in K} S_i N_i \Big/ \sum_{m\in K} N_m \right)
\end{aligned}
$$

因此

$$
P_j = S_j R_j \Bigg/ \sum_{i\in K} S_i R_i \tag{3.1}
$$

$M/M/1$ 系统假设 (i) 到达间隔为 iid 的指数变数 (到达率 λ), (ii) 服务时间也为 iid 的指数变数 (服务率 μ). 在某时刻如服务台正被占用, 那么下一事件不是一个顾客到达就是一顾客离去. 由于指数分布的无记忆性 (见 (2.3)), 由此刻到下次到达 (或离去) 发生仍是以 λ (或 μ) 为发生率的指数变数. 如果是到达先发生, 就意味着 (剩余) 到达间隔小于 (剩余) 服务时间, 其概率为 $\lambda/(\lambda+\mu)$ (见 (2.7)); 反之, 离去先于到达的概率为 $\mu/(\lambda+\mu)$.

如 $X_n=0$, 第 $(n+1)$ 次事件必定是一个顾客到达服务系统, 所以 $X_{n+1}=1$. 如果 $X_n>0$, 那么或者 $X_{n+1}=X_n+1$, 或者 $X_{n+1}=X_n-1$. 因此

$$\begin{aligned}
&P[X_{n+1}=j|X_n=j-1]\\
&\quad=\begin{cases}1, & j=1\\ \lambda/(\lambda+\mu), & j>1\end{cases}\\
&P[X_{n+1}=j|X_n=j+1]\\
&\quad=\mu/(\lambda+\mu),\quad \forall j\geqslant 0
\end{aligned}$$

$$\begin{aligned}
P[X_{n+1}=j]&=P[X_{n+1}=j|X_n=j-1]P[X_n=j-1]\\
&\quad+P[X_{n+1}=j|X_n=j+1]P[X_n=j+1]\\
&=\begin{cases}\mu/(\lambda+\mu)P[X_n=j+1], & j=0\\ P[X_n=j-1]+\mu/(\lambda+\mu)P[X_n=j+1], & j=1\\ \lambda/(\lambda+\mu)P[X_n=j-1]+\mu/(\lambda+\mu)P[X_n=j+1], & j>1\end{cases}
\end{aligned}$$

因为 $R_j=\lim_{n\to\infty}P[X_n=j]$. 上列各式可改写成

$$\begin{cases}R_0=\mu/(\lambda+\mu)R_1\\ R_1=R_0+\mu/(\lambda+\mu)R_2\\ R_j=\lambda/(\lambda+\mu)R_{j-1}+\mu/(\lambda+\mu)R_{j+1}, \quad j=2,3,\cdots\end{cases}\tag{3.2}$$

令 $\theta=(\lambda+\mu)/\mu=1+\rho$, 则 $\rho=\lambda/\mu=\theta\lambda/(\lambda+\mu)$.

由 (3.2)

$$\begin{aligned}
&R_1=\theta R_0\\
&R_2=\theta(\theta-1)R_0=\theta\rho R_0\\
&R_2=\lambda/(\lambda+\mu)R_1+\mu/(\lambda+\mu)R_3\\
&\theta\rho R_0=\rho R_0+R_3/\theta\\
&R_3=\theta\rho^2R_0
\end{aligned}$$

由归纳法得

$$R_j = \theta\rho^{j-1}R_0 = (1+\rho)\rho^{j-1}R_0, \quad j = 1, 2, \cdots$$

因为

$$\begin{aligned} 1 &= \sum_{j=0,1,\cdots} R_j = R_0 + R_0(1+\rho)\sum_{j=1,2,\cdots}\rho^{j-1}, \\ R_0 &= [1+(1+\rho)/(1-\rho)]^{-1} = (1-\rho)/2 \\ R_j &= \rho^{j-1}(1-\rho^2)/2, \quad j = 1, 2, \cdots \end{aligned} \tag{3.3}$$

让 $V = \sum_{i\in K} S_iR_i$. (3.1) 可改写为 $R_j = (V/S_j)P_j$, 其中

$$S_j = \begin{cases} 1/\lambda, & j = 0 \\ 1/(\lambda+\mu), & j = 1, 2, \cdots \end{cases} \tag{3.4}$$

当 $j = 0$ 时, S_j 等于平均到达间隔时间. 当 $j > 0$ 时, 由 (2.6) 可知: S_j 是到达间隔与服务时间之中的小者的均值. 从 (3.3), (3.4) 以及上述 V, $\{R_j\}$, $\{P_j\}$ 之间的关系可推出

$$V = 1/(2\lambda)$$

$$P_j = R_jS_j/V = \begin{cases} 1-\rho, & j = 0 \\ (1-\rho)\rho^j, & j = 1, 2, \cdots \end{cases} \tag{3.5}$$

换言之, $M/M/1$ 的队列长度是一几何分布 (geometric distribution), 其均值为

$$L = \sum_{j=1}^{\infty} jP_j = \sum_{j=1}^{\infty} j(1-\rho)\rho^j = \frac{\rho}{1-\rho} \tag{3.6}$$

服务台使用率 $=$ P[队列长度 > 0] $= 1 - P_0 = \rho = \lambda/\mu$. 此比值又称 “交通强度” (traffic intensity).

3.2　$M/M/1$ 队列等待时间

由 (2.5) 的关系可知, 新到达系统者看到队列长度为 j 的概率: $a_j = P_j$. 等待时间是 $j+1$ 个独立且同分布指数变数之和. 令 A_j 为此事件, Y 为等待时间, 则

$$\begin{aligned} P[Y \leqslant t] &= \sum_{j=0}^{\infty} P[Y \leqslant t|A_j]a_j \\ &= \sum_{j=0}^{\infty}\int_0^t e^{-\mu y}\frac{(\mu y)^j}{j!}\mu dxy(1-\rho)\rho^j \end{aligned}$$

$$
\begin{aligned}
&= \int_0^t \sum_{j=0}^{\infty} e^{-\mu\rho y} \frac{(\mu\rho y)^j}{j!} \mu(1-\rho) e^{-\mu(1-\rho)y} dy \\
&= \int_0^t \mu(1-\rho) e^{-\mu(1-\rho)y} dy \\
&= 1 - e^{-(\mu-\lambda)t}
\end{aligned}
$$

$M/M/1$ 队列的等待时间是以 $\mu - \lambda$ 为发生率的指数变数. 平均等待时间 $W = 1/(\mu - \lambda) = L/\lambda$.

3.3 平衡方程式

利用 (3.1)~(3.4) 得

$$
\begin{aligned}
&(V\lambda)P_0 = [\mu/(\lambda+\mu)][V(\lambda+\mu)]P_1 \\
&[V(\lambda+\mu)]P_1 = (V\lambda)P_0 + [\mu/(\lambda+\mu)][V(\lambda+\mu)]P_2 \\
&[V(\lambda+\mu)]P_j = (V\lambda)P_{j-1} + [\mu/(\lambda+\mu)][V(\lambda+\mu)]P_{j+1}, \quad j = 2, 3, \cdots
\end{aligned}
$$

消去等式中的 V, 整理后

$$
\begin{cases}
\lambda P_0 = \mu P_1 \\
(\lambda+\mu)P_1 = \lambda P_0 + \mu P_2 \\
(\lambda+\mu)P_j = \lambda P_{j-1} + \mu P_{j+1}, \quad j = 2, 3, \cdots
\end{cases} \tag{3.7}
$$

上述诸式称为“平衡方程式”(balance equations). 可解释为: “从状态 $j(j = 0, 1, 2, \cdots)$ 流出之量等于进入状态 j 的流量”. 这是因为:

(i) 在状态 $j = 0$ 时, 改变状态时的发生率为 λ(到达), 而进入此状态的路径是: 因离去事件发生, 队列长度由 1 变为 0, 其发生率为 μ(= 服务率);

(ii) 在状态 $j > 0$ 时, 改变状态时的发生率为 $(\lambda + \mu)$(到达或离去), 而进入此状态的路径有二: (a) 队列长度减一 (发生率 = μ), (b) 队列长度增一 (发生率 = λ);

(iii) P_j 是系统处于 j 状态的时间平均概率, 而时间与发生率 (单位时间发生的次数) 的乘积即为流量.

(3.7) 各式的关系也可用图形表示. 图 3.1 里圆圈中的数字代表系统状态, 由一个状态转入另一状态 (状态改变) 的路径由弧形箭头所示, 其标示 (λ 与 μ) 即为状态改变的发生率. 在平衡状况下, 流出状态 j 的量与流入状态 j 的量相等. 那么就可得到与 (3.7) 同样的结果

$$
\begin{aligned}
&j = 1 : \lambda P_{j-1} = \mu P_j \\
&j > 1 : (\lambda+\mu)P_j = \lambda P_{j-1} + \mu P_{j+1}
\end{aligned} \tag{3.8}
$$

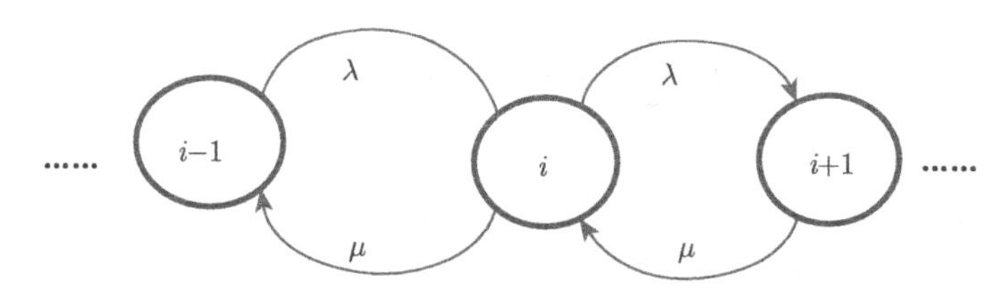

图 3.1　$M/M/1$ 系统状态改变的路径

3.4　状态的转移

系统进出各状态的行为与 ρ 值有关. 可以借用下面的例子进行讨论与说明.

例 3.1 (赌博破产)　在一赌局中, 一次押一元, 赢的概率为 p, 输的概率 $q=1-p$. 假设开始手中有 n 元. 赌局终止的条件为: 或输光或金额累积到 k $(k>n)$. 令

X_i 为赌过 i 次后的金额. 在开赌之前 $X_0=n$

A 为{在金额到达 k 之前已输光}

则

$$
\begin{aligned}
U_n &= P[A|X_0=n] \\
&= P[A|X_1=n-1, X_0=n]P[X_1=n-1|X_0=n] \\
&\quad + P[A|X_1=n+1, X_0=n]P[X_1=n+1|X_0=n] \\
&= U_{n-1}q + U_{n+1}p
\end{aligned}
$$

因为

$$
\begin{aligned}
&U_n = (p+q)U_n \\
&p(U_{n+1}-U_n) = q(U_n-U_{n-1})
\end{aligned}
$$

以 $r=q/p$ 代入,

$$(U_{n+1}-U_n) = r(U_n-U_{n-1}) = r^2(U_{n-1}-U_{n-2})\cdots$$

写作一般式, 则

$$(U_{n+1}-U_n) = r^n(U_1-1)$$

依次以 $n=2,3,\cdots$ 推演可得

$$U_2 = U_1 + r^1(U_1-1)$$

$$
\begin{aligned}
U_3 &= U_2 + r^2(U_1 - 1) \\
&= U_1 + r(U_1 - 1) + r^2(U_1 - 1) \\
&\cdots \\
U_n &= U_1 + \sum_{i=1}^{n-1} r^i (U_1 - 1)
\end{aligned}
$$

上式可简化作

$$
U_n = \begin{cases} U_1 + (U_1 - 1)(r - r^n)/(1 - r), & r \neq 1 \\ U_1 + (n - 1)(U_1 - 1), & r = 1 \end{cases}
$$

利用金额为 k 而赌局终止的规则作为边界条件,

$$
U_k = 0 = \begin{cases} U_1 + (U_1 - 1)(r - r^k)/(1 - r), & r \neq 1 \\ U_1 + (k - 1)(U_1 - 1), & r = 1 \end{cases}
$$

解得

$$
U_1 = \begin{cases} \dfrac{r - r^k}{1 - r^k}, & r \neq 1 \\ \dfrac{k - 1}{k}, & r = 1 \end{cases}
$$

$$
U_n = \begin{cases} \dfrac{r^n - r^k}{1 - r^k} & \overset{k \to \infty}{\longrightarrow} \begin{cases} r^n, & r < 1 \\ 1, & r > 1 \end{cases} \\ \dfrac{k - n}{k} & \overset{k \to \infty}{\longrightarrow} 1, \quad r = 1 \end{cases} \tag{3.9}
$$

依 $r(= q/p)$ 值的不同, (3.9) 列举了三种情况:

(i) 赢面大于输面 ($p > q$ 或者 $r < 1$), 那么由 $X_0 = n$ 开始, 赌上无限次数 ($k \to \infty$), 破产的机会为 r^n;

(ii) 赢面小于输面 ($p < q$ 或者 $r > 1$), 不断也赌下去, 终究会破产;

(iii) 赢面等于输面 ($p = q$ 或者 $r = 1$), 也终究会破产.

上面第三种情况说的是: 即或输赢参半, 不停地赌下去, 终将输光一个人 (有限) 的财富. 为了方便进一步地讨论, 令

V 为到达破产时赌过的次数;

T_n 为 $E[V|X_0 = n]$.

若仅以一元参加赌局, 直到破产为止每一局平均下注的次数为 T_1. 参加 n 次赌局总共下注的次数等同于以 n 元参加一次赌局所下注的次数, 因此 $T_n = nT_1$. 若手

上金额是一元 ($X_0 = 1$), 一次下注后的结果: (i) $P[X_1 = 2|X_0 = 1] = p$ 或者 (ii) $P[X_1 = 0|X_0 = 1] = q$

$$\begin{aligned} T_1 &= E[V|X_0 = 1] \\ &= 1 + pE[S|X_1 = 2, X_0 = 1] + qE[S|X_1 = 0, X_0 = 1] \\ &= 1 + pT_2 = 1 + p(2T_1) \\ &\Rightarrow \text{如} p \to 1/2(\text{即} r \to 1), T_1 = 1/(1-2p) \to \infty \end{aligned} \tag{3.10}$$

虽然输赢各半时, 一定导致破产, 但是所需下注的平均次数却为 ∞. □

上面的赌博例子与 $M/M/1$ 队列变化十分相似. 赢得 (输去) 一元相当于队列增加 (减少) 一人. 由于人数增减缘于到达与离去孰先发生, 到达先于离去的概率为

$$P = \lambda/(\lambda + \mu) = 1 - \mu/(\lambda + \mu) = 1 - q$$

$$r = q/p = \mu/\lambda = 1/\rho$$

赌局与队列二者不同处仅在于: 状态 X =0 在前者是一“吞没”状态 (absorbing state), 而后者则由此转入 $X = 1$ (一个到达者开启了一繁忙期). (3.10) 的结果可改写为

$$T_1 = \frac{1}{1-2p} = \frac{1}{1-2\lambda/(\lambda+\mu)} = \frac{\lambda+\mu}{\mu-\lambda}$$

令

B 为繁忙期;

N 为一个繁忙期所服务的顾客人数;

S 为服务时间.

在 B 中有 $2N$ 事件发生, 其中有 N 到达者也有 N 个离去者. 繁忙期总是被一个到达者所启动, 然后到最后一人离开净空系统为止, 此情况等同于拿到一元后开始下注, 直到输光为止, 故

$$E[2N] = 1 + T_1 = \frac{2\mu}{\mu - \lambda}$$

由此可得

$$E[N] = \frac{\mu}{\mu - \lambda}$$

$$E[B] = E\left[\sum_{i=1}^{i=N} S_i\right] = E[N]E[S_1] = \frac{\mu}{\mu-\lambda}\frac{1}{\mu} = \frac{1}{\mu-\lambda} \tag{3.11}$$

相对应 (3.9) 式的三种状况, 在随机过程中分别称为“非常返”(non-recurrent), “正常返”(positive recurrent) 以及“零常返”(null recurrent). 为了方便说明, 令

H_j 为{系统离开状态 j 后, 还会回来};

M_j 为系统离去状态 j 之后再回到状态 j 之前, 所发生事件的次数.

各状况可分述于下:

(i) 非常返态, $\rho > 1$. 如 1.3 节的讨论, 在 t 时的队列长度 $N(t)$ 是累积到达数 $A(t)$ 和累积离去数 $B(t)$ 之差. 因为 $B(t) \leqslant \mu t$, 而当 t 很大时, $A(t) \approx \lambda t$.

$$\begin{aligned} N(t) &= A(t) - B(t) \\ &\geqslant \lambda t - \mu t = (\lambda - \mu)t \to \infty, \quad t \to \infty \end{aligned}$$

队列无限增长, 队长分布也不存在.

(ii) 正常返态, $\rho < 1$. 在此条件下, $P_j > 0, \forall j$. 由于 P_j 是按系统在 j 状态所停留的时间比例来计算, 如果系统离开 j 状态后, 就永远不再回复至 j 状态, 那么在系统继续操作下, 时间不断增长, 但是处在 j 状态的累计时间却不增加, 因此系统在 j 状态所停留的时间比例就越来越小, 而 P_j 终至趋近于为 0. 此与 $P_j > 0$ 的事实矛盾, 可见 $P[H_j] = 1$. 同样的道理, 作为随机变数的 M_j, 无论如何变动, 总是有限值, 故其均值 $E[M_j] < \infty$.

(iii) 零常返态, $\rho = 1$. 在任意状态 j 时, 各有 1/2 的机会转化为状态 $(j-1)$ 或 $(j+1)$. 由 j 态转为 $(j-1)$ 态而回复到原状态 j 之前, 系统的状态变化的路径将徘徊于 $\psi = \{0, 1, \cdots, j-1\}$ 的空间, 因为相邻各态之间的转化概率为 0.5, ψ 包含的状态数目又是有限, 所以系统状态不可能永久停留在 ψ 空间里, 必然还会回到 j 态. 然后又有 1/2 的机会转为 $(j-1)$ 或 $(j+1)$ 态. 如此重复, 则终将变为 $(j+1)$ 态. 由 $(j+1)$ 态转为 j 态的情形就如同手中有一元赌至破产为止. 由 (3.9) 和 (3.10) 可知 $P[H_j] = 1$, 但是 $E[M_j] = \infty$.

3.5 $M/M/1$ 队列的离去过程

$M/M/1$ 队列的到达间隔 T 服从一个以 λ 为发生率的指数分布, 服务时间 S 的分布是以 μ 为发生率的指数分布, 在系统繁忙时, 连续两次离去事件发生的时间间隔 (离去间隔) 等同于服务时间. 一旦服务台进入闲置期, 那么到下一次离去事件发生之前, 首先需要等到一个新顾客到来, 由于指数分布的无记忆性, 这段时间与 T 的分布相同, 其次还要再等过一个服务时间, 所以服务台闲置后的离去间隔将与 $(T+S)$ 具同一分布.

考虑到上面这两种情况, 利用条件概率可求得离去间隔分布. 令

τ_n 为第 n 次离去间隔;

X_n 为第 n 次离去事件发生后队列长度;

$F(\cdot)$ 为到达间隔分布函数;

$G(\cdot)$ 为服务时间分布函数;

$F*G(\cdot)$ 为 F 和 G 的卷积 (convolution).

从上面的讨论可知

$$\begin{aligned}
P\left[\tau_n \leqslant t\right] &= P[\tau_n \leqslant t|X_{n-1}=0]P\left[X_{n-1}=0\right] && \text{(闲置)}\\
&\quad + P[\tau_n \leqslant t|X_{n-1}>0]P[X_{n-1}>0] && \text{(繁忙)}\\
&= F*G(t)\,(1-\rho)+G(t)\rho\\
&= (1-\rho)\int_0^t (1-e^{-\lambda(t-s)})\mu e^{-\mu s}ds+(1-e^{-\mu t})\rho\\
&= (1-\rho)[1-e^{-\mu t}-\mu e^{-\lambda t}\int_0^t e^{-(\mu-\lambda)s}ds]+(1-e^{-\mu t})\rho\\
&= (1-\rho)[-\mu e^{-\lambda t}\int_0^t e^{-(\mu-\lambda)s}ds]+(1-e^{-\mu t})\\
&= \frac{\mu-\lambda}{\mu}\frac{(-\mu)}{\mu-\lambda}e^{-\lambda t}(1-e^{-(\mu-\lambda)t})+(1-e^{-\mu t})\\
&= 1-e^{-\lambda t}\sim \exp(\lambda) && (3.12)
\end{aligned}$$

事实上 $M/M/1$ 队列的离去间隔过程是以 λ 为发生率的泊松过程. 完整的证明除了如 (3.12) 的结果外, 尚需证得 $\{\tau_n\}$ 是互为独立的变数. 由于过程较繁琐, 故这里从略.

例 3.2 (简单纵列队列) 如图 3.2 所示, 两个成一纵列的服务台的服务时间是互为独立的指数变数, 它们的服务率分别为 μ 与 ν.

顾客以到达率为 λ 的泊松过程来到第一站.

λ → 1 → 2 →

exp(μ) exp(v)

图 3.2 简单纵列队列

由于第一个服务台为 $M/M/1$ 队列, 其离去过程也是泊松过程, 因此第二个服务台也是一个 $M/M/1$ 队列. 它们队列长度的分布分别是

$$P[X_1=j]=\rho^j(1-\rho),\quad \rho=\lambda/\mu$$

$$P[X_2=j]=\theta^j(1-\theta),\quad \theta=\lambda/\nu$$

□

纵列队列常见于生产线. 更为复杂的多服务站的模型可以网络状态出现, 图 3.3 的服务系统呈网络队列, 顾客来源有二, 进入第一与第二服务站的到达率分别是 λ_1 和 λ_2. 从第 i 服务站离去而进入第 j 服务站的概率为 b_{ij}, $\sum\limits_j b_{ij} = 1$ (图 3.3 以 b_{i0} 作为离开网络的概率). 如果各站到达过程是相互独立的泊松过程, 而且服务时间是相互独立的指数变数, 那么由于 (i) 相互独立泊松过程的叠合过程是泊松过程 (第 2 章), (ii) 泊松过程的分裂过程也是泊松过程 (第 2 章), (iii) $M/M/1$ 队列离去过程是泊松过程, 各服务站看起来都是 $M/M/1$ 队列. 有关网络队列的细节讨论将留在第 7 章.

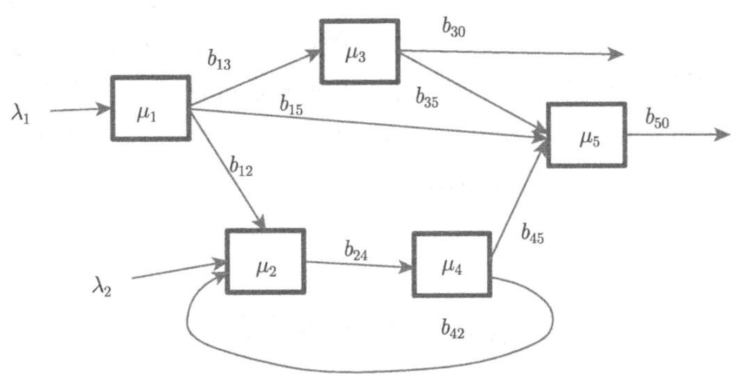

图 3.3 简单网络队列

第 4 章　简单系统的衍生模型

第 2 章曾讨论过的指数分布的特性包括:

(i) 无记忆性 (见 (2.2));

(ii) 互为独立的指数变数中. 最小者服从指数分布, 其发生率为所有发生率的总和 ((2.6));

(iii) 互为独立的指数变数中, 何者最小的概率与各自的发生率成正比 ((2.7)).

这些特性简化了系统行为及其绩效的分析. 第 3 章介绍的平衡方程式说明了在稳定情况下系统状态之间的流量关系. 这种关系可延伸至“依态”到达率与服务率 (state-dependent arrival and service rates) 的模型, 以及包含埃尔朗 (Erlang) 与超指数 (hyper-exponential) 分布在内的复合分布, 因而此类模型涵盖了较广泛的应用.

4.1　依态而变发生率的模型

在依态的变化下, 可把图 3.1 改为图 4.1.

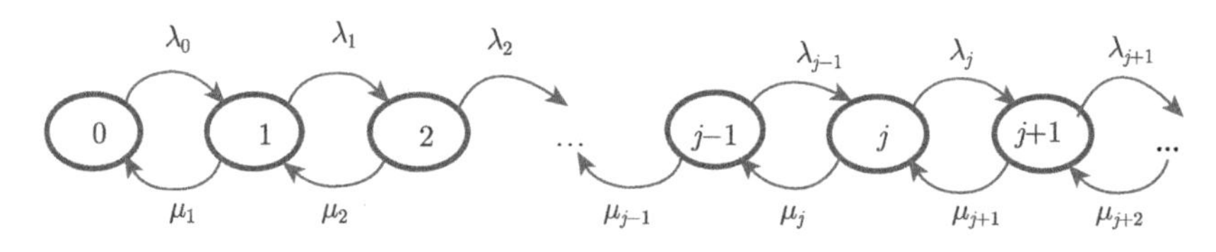

图 4.1　依态改变系统状态的路径

参照图 4.1, 平衡方程式就可以很容易写出而列于下表.

状态	流出		流入
0	$\lambda_0 P_0$	=	$\mu_1 P_1$
1	$(\lambda_1+\mu_1)P_1$	=	$\lambda_0 P_0+\mu_2 P_2$
…	…	=	…
j	$(\lambda_j+\mu_j)P_j$	=	$\lambda_{j-1}P_{j-1}+\mu_{j+1}P_{j+1}$

(4.1)

其中 λ_j 和 μ_j 分别是系统在 j 状态时的到达率和服务率; P_j 是系统处于 j 状态的 (时间平均) 概率. 解此线性联立方程式, 再引用 $\sum_j P_j = 1$ 的条件, 则得

$$
\begin{aligned}
P_1 &= \frac{\lambda_0}{\mu_1} P_0 \\
P_2 &= \frac{\lambda_1}{\mu_2} P_1 = \frac{\lambda_0 \lambda_1}{\mu_1 \mu_2} P_0 \\
&\cdots \\
P_j &= \frac{\lambda_0 \lambda_1 \cdots \lambda_{j-1}}{\mu_1 \mu_2 \cdots \mu_j} P_0, \quad j = 1, 2, \cdots
\end{aligned}
$$

$$
\sum_{j=0}^{\infty} P_j = 1 = \left[1 + \sum_{j=1}^{\infty} \prod_{i=1}^{j} \frac{\lambda_{i-1}}{\mu_i}\right] P_0
$$

$$
\Rightarrow \begin{cases} P_0 = \left[1 + \sum_{i=1}^{\infty} \prod_{j=1}^{i} \frac{\lambda_{j-1}}{\mu_j}\right]^{-1} \\ P_j = \prod_{i=1}^{j} \frac{\lambda_{i-1}}{\mu_j} P_0, \quad j = 1, 2, \cdots \end{cases} \tag{4.2}
$$

(4.2) 式在不同的应用中, 各个 λ 和 μ 的设定值有不同的实质意义, 兹举数例如下.

(a) 有限等候室 —— 若队列达到一定的长度, 就暂时无新到达者 (或新来者会立即离去).

$$
\lambda_i = \begin{cases} \lambda, & i < k \\ 0, & i \geqslant k \end{cases} \qquad \mu_i = \mu \tag{4.3}
$$

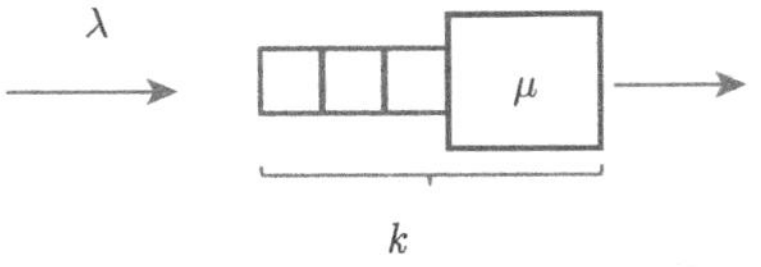

(b) 两个服务台的循环队列 —— 从右边的服务台来看, 若队长为 k, 则左边的服务台成闲置状态, 所以此模型与 (a) 相同.

$$
\lambda_i = \begin{cases} \lambda, & i < k \\ 0, & i \geqslant k \end{cases} \qquad \mu_i = \mu \tag{4.4}
$$

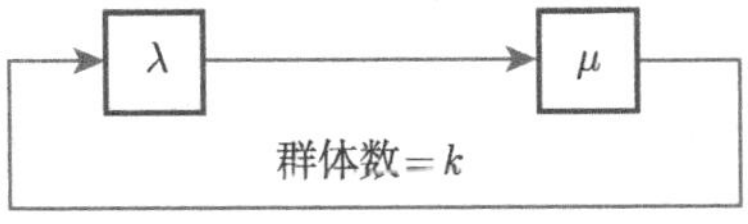

群体数 $= k$

(c) k 个服务台 —— 因为指数分布的特性 (见 (2.6)), 队长在 k 之前, 服务率以

队长为倍数增减, 队长超过 k 时, 也只有 k 个服务台在运作, 所以服务率仍为 $k\mu$.

$$\lambda_i = \lambda, \quad \forall i$$

$$\mu_i = \begin{cases} i\mu, & i \leqslant k \\ n\mu, & i > k \end{cases} \tag{4.5}$$

(d) 不耐久等的顾客 —— 到达率为队长的减函数, 譬如 $\lambda_i = \lambda/i, i = 1, 2, \cdots$,

例 4.1 (机器维修问题)　n 个能力相当的维修员面对 m 部相同的机器, 每一部机器从运作开始到损坏需要维修的时间 T 的密度函数

$$f(t) = \lambda e^{-\lambda t}, \quad \lambda > 0, t > 0$$

机器维修时间 S 的密度函数

$$g(t) = \mu e^{-\mu t}, \quad \mu > 0, t > 0$$

这个问题可视为以各自分别有 m 和 n 个服务台的两个服务站组成的封闭网络 (图 4.2), 其中第一站的 m 个服务台代表机器, 第二站的 n 个服务台代表维修人员. 而网络内共有 m 个顾客, 他们在第一站与第二站的服务时间分别是 T 和 S.

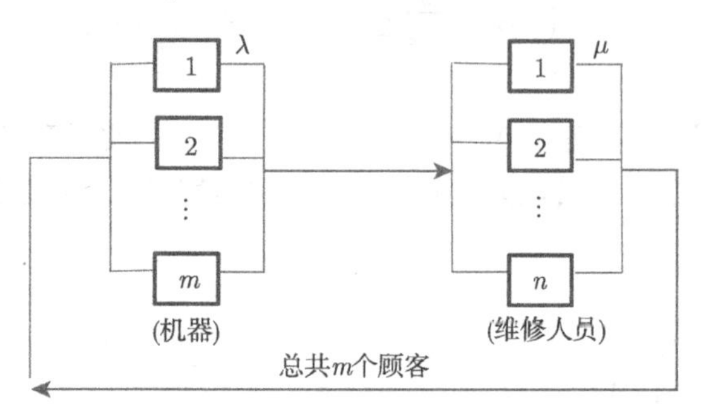

图 4.2　机器维修问题的封闭网络模型

利用 (4.1) 求解时, 以第一站作为顾客来源, 第二站为提供服务的一方, 当队列长度 $X = i$ 时, 第一站上就只有 $m - i$ 部机器在运转, 所以到下次有机器发生故障的时间是指数变数, 但是故障率为 $(m - i)\lambda$. 假定一部机器维修需要一个维修员, 那么 $n \leqslant m$. 用下列的参数:

$$\lambda_i = (m - i)\lambda, \quad i = 0, 1, \cdots, m \quad \text{以及} \quad \mu_i = \begin{cases} i\mu, & i = 1, 2, \cdots, n \\ n\mu, & i = n + 1, \cdots, m \end{cases} \tag{4.6}$$

从 (4.1) 可求得 $P_j = P[X = j] = P[\text{等候完成维修机器数} = j]$. 服务系统的主要绩效的量度:

(i) 平均等候完成维修机器数: $E[X]=\sum_{j=0}^{n} jP_j$;

(ii) 机器可用率 (availability): $a=(m-E[X])/m$;

(iii) 在进行维修工作的平均人数: $E[Y]=\sum_{j=0}^{j=n} jP_j+n\sum_{j=n+1}^{j=m} P_j$;

(iv) 维修人员使用率 (utilization): $u=E[Y]/n$.

假设 $m=10$, 取不同的 $R=\lambda/\mu$ 和 n 值, 图 4.3 提供了 $E[X]$, a 和 u 的结果.

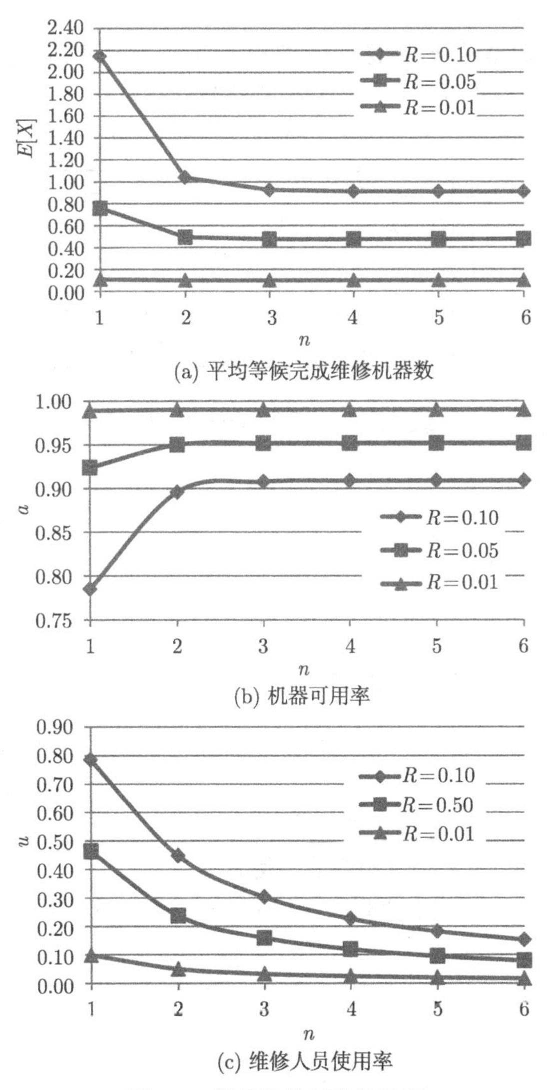

(a) 平均等候完成维修机器数

(b) 机器可用率

(c) 维修人员使用率

图 4.3 机器维修绩效的量度

根据这些结果, 决策者可以决定适当的维修员人数. 为了维持高的机器可用率, 提供服务的一方使用率不得太高, 在许多情况下不应高过 2/3. 由图 4.3(b) 和 (c) 的曲线来看, 当 $R = 0.01, 0.5, 0.1$ 时, 其对应 n 值可分别定为 1, 1 和 2. □

4.2 成批到达

在某些情形下, 一次到达的顾客数会多过一个, 诸如工厂的批量生产, 几个朋友约好一起去同一机构办事, 公路上的连环车祸发生后的救助等, 都是成批到达 (batch arrival) 的例子.

假定批量为固定整数 k, 到达时看到的队为 j, 那么系统状态就改变成 $k+j$. 参照图 4.4 的状态转变关系, 平衡方程式可写作

状态	流出量		流入量
0	λP_0	$=$	μP_1
1	$(\lambda+\mu)P_1$	$=$	μP_2
$\cdots$		$\cdots$	
k	$(\lambda+\mu)P_k$	$=$	$\mu P_{k+1}+\lambda P_0$
$k+1$	$(\lambda+\mu)P_{k+1}$	$=$	$\mu P_{k+2}+\lambda P_1$

(4.7)

虽然无法得到如 (3.5) 或 (4.2) 一样简洁的解, 但是不难求得队长或等待时间的平均值.

图 4.4　成批到达下的状态转变的路径

当 k 个顾客一同到达时, 其中排在第 i 位的顾客, 先要等候在到达前已经在系统者完成服务, 然后再等上 i 个相同分布的服务时间才能离开系统. 令

N 为 k 个顾客一同到达时见到的队列长度;

Y 为其中排在第 M 个顺位顾客的等待时间.

任意选定的顾客在群体中排列顺序的分布: $P[M=i]=1/k$. 所以

$$E[Y|N]=\frac{N}{\mu}+\sum_{i=1}^{k}\frac{i}{\mu}\frac{1}{k}=\frac{N}{\mu}+\frac{k+1}{2\mu}$$

$$W=E[Y]=E[E[Y|N]]=\frac{E[N]}{\mu}+\frac{k+1}{2\mu}\quad (L=E[N]=\lambda kW)$$

$$= \frac{\lambda k W}{\mu} + \frac{k+1}{2\mu}$$

$$\Rightarrow W = (k+1)/[2(\mu - \lambda k)] \tag{4.8}$$

上面的演绎利用了 $L = (\lambda k)W$ 的关系, 这是因为对系统的队列来说, 顾客到达率是群体到达率与批量的乘积.

如果批量是随机变数, 在计算时可利用条件期望值的概念, 先设定条件让批量 K 为一常数, 求得批量中所有顾客等待时间, $\{Y_i\}$ 的总和, $Y_s = \sum_{i=1,\cdots,K} Y_i$.

$$E[Y_s|N,K] = K(N/\mu) + \sum_{i=1}^{i=K} (i/\mu)$$

$$= K\left(\frac{N}{\mu}\right) + \left(\frac{K(K+1)}{2}\right)\left(\frac{1}{\mu}\right)$$

去除此条件,

$$E_k[E[Y_s|N,K]] = E[Y_s|N] = \frac{NE[K]}{\mu} + \frac{E[K^2+K]}{2\mu}$$

最后用 $L = E[N] = (\lambda E[K])W$ 和 $E[Y_s] = E\left[\sum_{i=1}^{i=k} Y_i\right] = E[K]W$ 的关系, 得到

$$E[Y_s] = E[K]W = \frac{(\lambda E[K]W)E[K]}{\mu} + \frac{E[K^2]+E[K]}{2\mu}$$

$$= \frac{\lambda E[K]^2 W}{\mu} + \frac{E[K^2]+E[K]}{2\mu}$$

$$\Rightarrow W = \frac{E[K^2]+E[K]}{2E[K](\mu - \lambda E[K])} \tag{4.9}$$

上式中的 K 如为常数, $E[K^m] = k^m$. (4.9) 就还原成 (4.8).

4.3 $M/E_k/1$ 队列

倘若服务时间是 k-阶 "埃尔朗" 变数 (伽马变数, 是 k 个 iid 指数变数之和), 其密度函数:

$$g(t) = k\mu e^{-k\mu t}\frac{(k\mu t)^{k-1}}{(k-1)!}, \quad \mu > 0, t > 0$$

此服务系统可用 $M/M/1$ 成批到达的模型进行分析. 假设服务时间分布为 $\exp(k\mu)$. 每一个到来的顾客就相当于 k 个阶段的服务, 每阶时间都具相同指数分布, 因此

系统上的阶段总数 M 相当于 $M/M/1$ 成批到达队列的长度. 令 $P_j = P[M = j]$, $j = 0, 1, 2, \cdots$, 其平衡方程式为

$$\begin{aligned} \lambda P_0 &= k\mu P_1 \\ (\lambda + k\mu)P_1 &= k\mu P_2 \\ (\lambda + k\mu)P_2 &= k\mu P_3 \\ &\cdots \\ (\lambda + k\mu)P_k &= \lambda P_0 + k\mu P_{k+1} \\ (\lambda + k\mu)P_{k+1} &= \lambda P_1 + k\mu P_{k+2} \\ &\cdots \end{aligned}$$

以 $k\mu$ 为服务率, 由 (4.8) 可得 $E[M] = [(k+1)/2][\rho/(1-\rho)]$, $\rho = \lambda/\mu$. 在服务台上平均的阶段数是 $[(k+1)/2] \times P$[服务台繁忙] $+0 \times P$[服务台闲置] $= [(k+1)/2]\rho$, 因此平均等候接受服务者的阶段数为

$$Q_p = E[M] - \frac{k+1}{2}\rho = \frac{k+1}{2}\frac{\rho^2}{1-\rho}$$

转换为 $M/E_k/1$ 队列的平均等候接受服务者, 就成为

$$Q = Q_p/k = \frac{k+1}{2k}\frac{\rho^2}{1-\rho}$$

平均队长 $L = Q + \rho$. 平均等待时间 $W = L/\lambda$.

4.4 $M/H/1$ 队列

服务时间 S 的分布属于 $\exp(\mu_1)$ 的概率为 α, 属于 $\exp(\mu_2)$ 的概率为 $1-\alpha$. 因此它的密度函数由两个指数复合而成:

$$g(t) = \alpha\mu_1 e^{-\mu_1 t} + (1-\alpha)\mu_2 e^{-\mu_2 t}, \quad 0 < \alpha < 1, \mu_1, \mu_2 > 0, t > 0 \tag{4.10}$$

除了队长为 0 之外, 系统的状态可由两个参数来表示: (n, j), 其中 n 为队列长度. $j = 1$ (或 2), 表示正在接受的服务时间从属于第一 (或二) 种指数分布. 图 4.5 展示了状态转变的途径及其发生率.

参照此图读者应可自行写出平衡方程式. 由于方程式的复杂性, 无法求得$\{P_j\}$的代数式, 但是可以用有效的“迭代计算法” (an iterative computing algorithm) 算出$\{P_j\}$ 的值. 其细节将在第 5 章讨论.

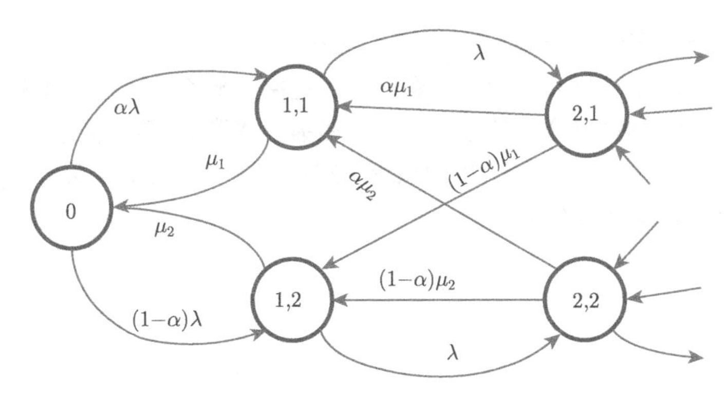

图 4.5 $M/H/1$ 队列状态转变的路径

4.5 多种顾客的优先排队规则

讨论到现在为止都是假设单一顾客类型 (相同的服务时间, (4.10) 超指数分布的服务时间也可以解释成两个不同的顾客类别, 其到达过程分别是以 $\alpha\lambda$ 和 $(1-\alpha)\lambda$ 为到达率的泊松过程而对应的服务时间分布分别是 $\exp(\mu_1)$ 和 $\exp(\mu_2)$.

反过来看, 如果任何两类或两类以上的顾客也可合并为“同类”, 合并后的到达过程就是各自到达过程的叠合过程. 服务时间的分布类似于 (4.10) 的形式, 为各个分布的复合分布.

通常系统对顾客提供服务的顺序是先到先占 (服务台), 然而面对不同类顾客时, 也可以有不同的顺序. 服务时间短者先占, 或因运作成本或顾客的重要性而有不同的优先权 (priority).

优先权有广泛的应用, 急诊室会先处理需要及时抢救者, 工厂先生产重要客户的产品, 机场运作让老弱先行登机, 计算机操作系统给予在线用户优先 (time sharing vs. batch jobs) 等都是实际生活中的例子. 假定有两类顾客, 第一类优先于第二类. 其权限可分“强占” (preemption) 与“非强占” (non-preemption) 两种:

1) 强占 (也称抢占)

第一类顾客可以排除正在接受的第二类顾客, 而即刻占用服务台 (优先权较高者无视低者的存在). 被排除者只有在等候线上第一类完全净空后, 方得继续接受服务. 其再度接受的服务时间通常是假定为: 在被排除时刻, 原先所剩下的服务时间. (另一假设是过去的不算, 一切服务重头来起. 新的服务时间与前或同或异) 而同类顾客间, 仍依先到先占顺序接受服务.

2) 非强占 (也称非抢占)

正在接受服务者, 无论是哪一类顾客, 都可继续占用到服务完成为止, 只有当服务台空出来时, 第一类者才可优先占用. 如等候线上没有第一类顾客, 才由第二类者占用服务台, 多过两类顾客时, 则以此类推.

以 λ_I, S_i 和 μ_i 分别代表第 i 类顾客的到达率、服务时间与服务率. 所有到达间隔与服务时间都是相互独立的指数变数. 在强占情形下, 第一类顾客的存在就意味着占用服务台者必是第一类. 因此系统状态可记为 (i, j): i 个第一类, j 个第二类, 其状态转变图如图 4.6 所示.

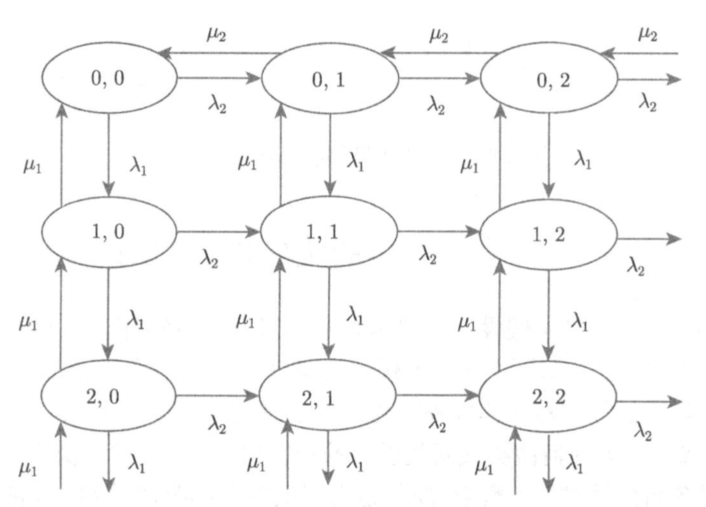

图 4.6　$M/M/1$ 抢占优先队列状态转变的路径

依据图 4.6 可写出下列方程式:

$$
\begin{aligned}
&(\lambda_1+\lambda_2)P_{00}=\mu_1 P_{10}+\mu_2 P_{01}, && (\lambda_1+\lambda_2+\mu_2)P_{01}=\lambda_2 P_{00}+\mu_2 P_{02}\\
&(\lambda_1+\lambda_2+\mu_1)P_{10}=\lambda_1 P_{00}+\mu_1 P_{20}, && (\lambda_1+\lambda_2+\mu_1)P_{11}=\lambda_1 P_{01}+\lambda_2 P_{10}+\mu_1 P_{21}\\
&(\lambda_1+\lambda_2+\mu_1)P_{20}=\lambda_1 P_{10}+\mu_1 P_{30}, && (\lambda_1+\lambda_2+\mu_1)P_{21}=\lambda_1 P_{11}+\lambda_2 P_{20}+\mu_1 P_{31}\\
&\qquad\cdots && \qquad\cdots
\end{aligned}
\tag{4.11}
$$

同样地, 我们不知$\{P_{ij}\}$ 的代数式, 但是可以用有效的迭代计算法算出其值.

分析非强占队列时, 因为无法仅凭各类队列人数得知服务台使用者的类别, 系统状态就需写为 (i, j, k), 其中 $k=1$ (2) 表示正在接受服务者属于第一 (二) 类. 不过平衡方程式过于复杂, 也没有有效的解法, 在以后的章节中会讨论均值的解法.

4.6　$M/M/1$ 队列的繁忙期

利用无记忆性的特点, $M/M/1$ 队列的繁忙期可以有不同的解法, 这里介绍两种. 第一种解法与例 3.1 赌局下注次数的解法相同.

首先应注意到: 繁忙期始于一个到达者发现系统正处于闲置状态 (所以繁忙期必定始于一个顾客) 而终止于队列长度再度归零. 当一个顾客启动了一个繁忙期 (B) 之后, 依其服务时间 (S) 与下一个到达间隔 (T) 的大小而有两种可能的情况:

(i) $S < T$, 则繁忙期在服务完成后结束, 故 $B = S \wedge T$ (即 S 和 T 之间的小者. 注意: $B \neq S$).

(ii) $S > T$, 经过 $S \wedge T$ 时段后, 系统上有两个顾客. 此状况可看成两者各自分别开启了一个 iid 的繁忙期, 故 $B = (S \wedge T) + B_1 + B_2$ (注意: B_1 和 B_2 与 B 同分布).

$$
\begin{aligned}
E[B] &= E[B|S<T]P[S<T] + E[B|S>T]P[S>T] \\
&= E[S \wedge T]P[S<T] + E[(S \wedge T) + B_1 + B_2]P[S>T] \\
&= \frac{1}{\lambda+\mu}\frac{\mu}{\lambda+\mu} + \left[\frac{1}{\lambda+\mu} + 2E[B]\right]\frac{\lambda}{\lambda+\mu}
\end{aligned}
$$

由此解得

$$
E[B] = \frac{1}{\mu - \lambda} \tag{4.12}
$$

另一解法可同时求得繁忙期的均值以及在此期间平均服务的次数. 令

I 为闲置期长度;

C 为繁忙周期 $= B + I$;

N 为繁忙期服务的顾客次数, 也是繁忙周期 (C) 到达的顾客数.

因为繁忙期由 N 个服务时间组成:

$$
B = \sum_{i=1}^{i=N} S_i \tag{4.13}
$$

同理, 繁忙周期由 N 个到达间隔组成:

$$
C = \sum_{i=1}^{i=N} T_i \tag{4.14}
$$

因而

$$
E[B] = E[N]E[S] = \frac{E[N]}{\mu} \Rightarrow E[N] = \mu E[B]
$$

$$
E[B] + E[I] = E[B] + \frac{1}{\lambda} = E[C] = E[N]E[T] = \frac{E[N]}{\lambda}
$$

$$
\Rightarrow E[N] = \lambda E[B] + 1, \quad \text{即} \quad \mu E[B] = \lambda E[B] + 1
$$

$$\Rightarrow E[B] = \frac{1}{\mu - \lambda}, \quad 而 \quad E[N] = \frac{\mu}{\mu - \lambda} \tag{4.15}$$

在$\{N = n\}$的假设条件下, 当一个到达系统者在启动繁忙期后, 随之而来的, 必定有 $(n-1)$ 个到达者和 n 个离去者. 到达与离去的先后顺序可用图解表示. 在图 4.7 中 x 横轴与 y 纵轴相交于原点 (0, 0), x 代表事件发生的次数, 在第一象限 (即 $x > 0, y > 0$) 内, y 表示队列长度.

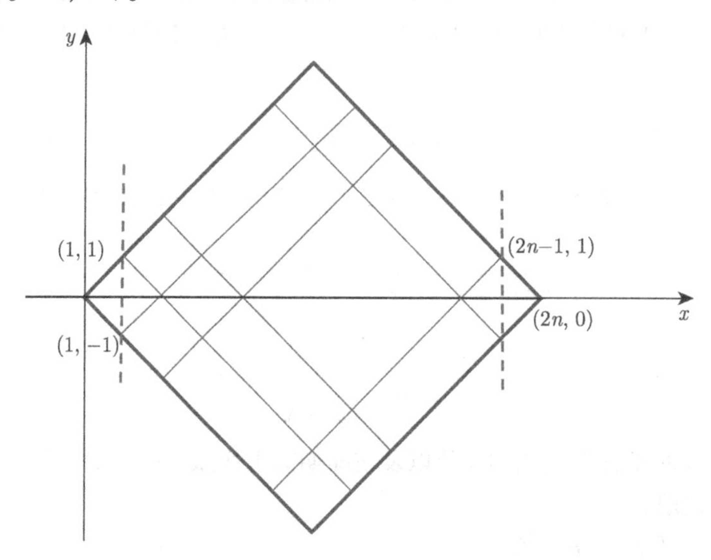

图 4.7 $M/M/1$ 繁忙期内队列变化路径分析图

由 (0, 0) 开始, 每当一事件发生, x 值增一. 如该事件为到达 (离去), y 值就增 (减) 一. 那么$\{N = n\}$就意味着:

(i) 第一次必定是到达事件 (启动繁忙期者). 此时变化路径由 (0, 0) 移至 (1, 1);

(ii) 总共有 $2n$ 事件发生, 而最后必定是离去事件. 路径由 $(2n-1, 1)$ 移至 $(2n, 0)$;

(iii) 从 (1, 1) 到 $(2n-1, 1)$ 的路径不能有 $y \leqslant 0$ 的情况出现, 换言之, 该路径不得碰触 x 轴 (否则繁忙期就已结束, $\{N = n\}$也就不成立).

计算符合上述 (iii) 的可能路径数目时, 可利用“反射原理” (principle of reflection): 由于 (1, 1) 与 (1, −1) 处于对称于 x 轴的位置, 对于任何一条由 (1, 1) 到 $(2n-1, 1)$ 的途中碰触 x 轴的路径来说, 都会有一条由 (1, −1) 到 $(2n-1, 1)$ 对应 (而且是唯一对应) 的路径. 由此可知

$$\begin{aligned} &由 (1, 1) 到 (2n-1, 1) 途中碰触或跨越 x 轴的路径数目 \\ &= 由 (1, -1) 到 (2n-1, 1) 的路径数目 \end{aligned} \tag{4.16}$$

由 (1, −1) 到 $(2n-1, 1)$ 的路径总共有 $2n-2$ 个事件发生, 其中 n 个使 y 值增

$1, n-1$ 个使之减 1. 因此

$$\text{由 } (1, -1) \text{ 到 } (2n-1, 1) \text{ 的不同的路径数目} = \binom{2n-2}{n} \tag{4.17}$$

任何一条由 (1, 1) 到 $(2n-1, 1)$ 的路径共有 $2n-2$ 个事件, y 值增减次数各为 $n-1$, 因此

$$\text{由 } (1, 1) \text{ 到 } (2n-1, 1) \text{ 不同的路径数目} = \binom{2n-2}{n-1} \tag{4.18}$$

现在从 (4.14), (4.15), (4.16), 可得

$$\text{由 } (1, 1) \text{ 到 } (2n-1, 1) \text{ 的途中未曾碰触或跨越 } x \text{ 轴的路径数目}$$

$$= \binom{2n-2}{n-1} - \binom{2n-2}{n} = \frac{1}{2n-1}\binom{2n-2}{n} \tag{4.19}$$

在启动繁忙期后, 有 $n-1$ 次到达先于离去 (即$\{T < S\}$), n 次离去先于到达 (即$\{T > S\}$). 由于 $T \sim \exp(\lambda)$ 以及 $S \sim \exp(\mu)$ 且互为独立, $P[T < S] = 1 - P[T > S] = \lambda/(\lambda + \mu)$. 故知

$$P[N = n] = \frac{1}{2n-1}\binom{2n-1}{n-1}\left(\frac{\lambda}{\lambda+\mu}\right)^{n-1}\left(\frac{\mu}{\lambda+\mu}\right)^{n}, \quad n = 1, 2, \cdots \tag{4.20}$$

由于计算通信网络的重要性, 在本章结束前, 下面再介绍一个多个顾客竞争 (server contention) 下服务台使用的状况.

4.7 多重竞争服务–局域网络的应用

在局域网络 (local area network) 中, “以太网” (Ethernet) 因其架设使用方便, 而成为常用的总线形网络. 每当送信息之前, 使用者通过连接在总线上的设备, 监听线上传送的信息, 以确定总线为净空状态. 然而正同例 2.2 一样, 在冲撞期内若有他人也想发送数据, 就会发生碰撞现象. 以太网使用“载波侦听多重访问/碰撞监测” (Carrier Sense Multiple Access/Collision Detection, CSMA/CD) 的协议, 以降低碰撞的负面影响. 在传送的同时, 发送者检查自己发出的数据, 若监听结果与发送数据不同, 就表示碰接发生, 必须重新发送.

在以下的分析中, 假设

(i) n 个同类且互为独立的使用者.

(ii) 数据包的长度 b 以 (发送所需) 时间来计算;

(iii) 信息传送时间为 a, 因此发现冲撞所需最长时间为 $2a$;

(iv) M 为在一次成功传送信息前, 传送失败的次数;

(v) 竞争周期 (contention interval) 由 M 传送失败时段 $(2a)$ 和一个成功的时段 (b) 组成;

(vi) p 为 P [一个使用者在一时段中会传送信息];

(vii) q 为 P [传送成功].

因为一次成功的传送只能有一个使用者发送信息, 故

$$q = \binom{n}{1} p(1-p)^{n-1}$$

由 $dq/dp = 0$ 可知 $p = 1/n$ 时, q 达到它的最大值: $q_{\max} = (1-1/n)^{n-1}$.

每个时段看起来都在重复着相同而独立的实验, 所以 M 就呈现一几何分布:

$$P[M=j] = q(1-q)^{j-1}, \quad j = 1, 2, \cdots$$

其均值 $E[M] = 1/q$.

由更新报酬定理, 求得网络通过率 (throughput) 为

$$TP = \frac{b}{b+(2a)E[M]} = \frac{bq}{bq+2a}$$

以 b 为时间单位 $(b=1)$, $TP = q/(q+2a)$. 在许多使用者的情况下, 使用网络的需求近似一泊松过程 (为何?), 而

$$\lim_{n\to\infty} q_{\max} = \lim_{n\to\infty}\left(1-\frac{1}{n}\right)^{n-1} = e^{-1} = 0.3679$$

在泊松过程假设下, 以 λ 为其到达率, 则

$$q = e^{-\lambda(2a)}\lambda(2a)$$

由 $dq/d\lambda = 0$, 可得同一结果: 当 $\lambda = 2a$ 时, 极大值 $q_{\max} = e^{-1}$.

在此极大值时, TP 与 a 的关系见之于下表以及图 4.8.

$a=$	0.00, 0.10, 0.20, 0.30, 0.40, 0.50, 0.60, 0.70, 0.80, 0.90, 1.00
$TP=$	1.00, 0.65, 0.48, 0.38, 0.31, 0.27, 0.23, 0.21, 0.19, 0.17, 0.16

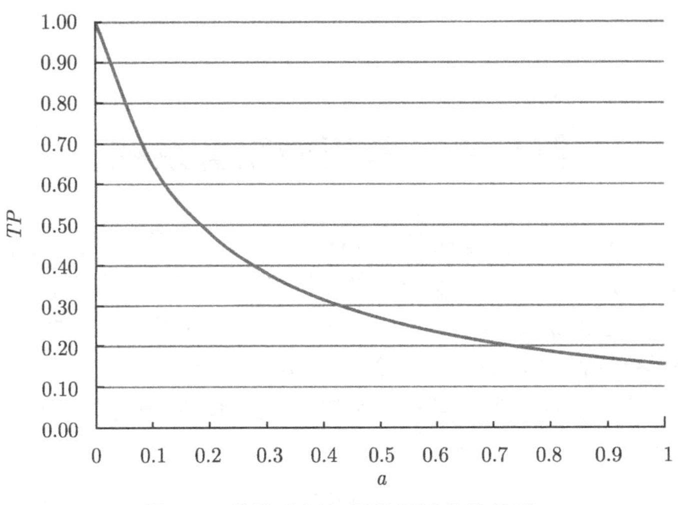

图 4.8 传送时间与网络通过率的关系

第 5 章　常用的服务系统

第 2 章的讨论提到泊松过程的许多特点. 诸如: 有序性 (稀有事件) 的计数过程, 在一时段内到达时间呈均匀分布, 由许多独立到达时间组成的到达过程, 许多独立更新过程的叠合与稀释过程等. 在现实生活中, 泊松到达过程有广泛的应用. 除非已确知到达过程, 否则泊松到达流 (Poisson arrival stream) 往往是一个不坏的假设. 然而与此相反, 也如第 2 章所列举的资料所示, 服务时间却不一定具有指数分布. 本章讨论的服务系统以 $M/G/k$ 队列为基础. 由于 $k>1$ 时, 此队列模型并无完全解, 所以先探讨 $M/G/1$ 队列, 稍后再提出一个 $M/G/k$ 模型的近似解法.

5.1　分枝过程与繁忙期

在谈到生物衍生的过程时, 很容易让人设想出一个连串反应: 个体生殖后代, 每个后代又生后代, 如此延绵下去. 从直觉上判断, 如果每一个体衍生的后代平均数目少于 1, 那么生物群体就最终会消亡. 在探究服务系统队列变化时, 也可利用同样的模式: 每当一个顾客接受服务期间, 新近到达者就相当于该顾客所"衍生的后代", 每名衍生者接受服务时, 又可产生其后代. 这种现象在统计学上称为"分枝过程". 倘若平均到达间隔大于平均服务时间 (此条件可写作: $\rho = E[S]/E[T] = \lambda/\mu < 1$), 最终系统上队列会消失. 同样地, 在单一服务台的情况下, 繁忙期一定是由单一顾客 (到达闲置系统) 引起的, 繁忙期的长度相当于因该顾客衍生出各个世代顾客服务时间的总和. 基于这样的概念, 下面就作进一步讨论.

令

X_i 为个体 i 产生的下一代个数, 而 $E[X_i] = r$;

Y_k 为第 k 代的总数, $k = 1, 2, 3, \cdots$, 如图 5.1 所示.

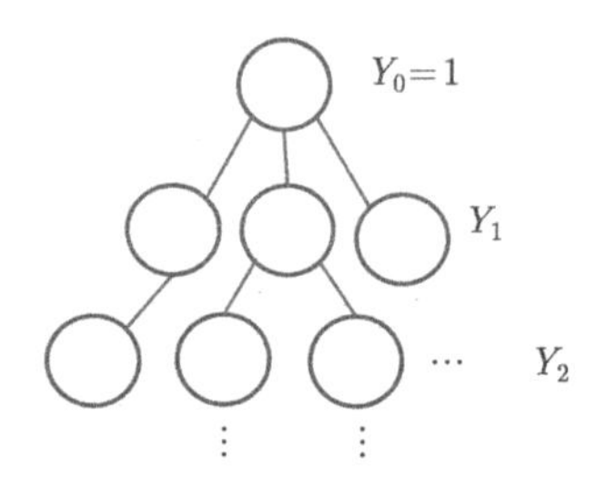

图 5.1　分枝过程

假设 (i) $Y_0 = 1$ 是最初群体个数, (ii) $\{X_i\}$为独立于$\{Y_k\}$的 iid 变数, 则

$$Y_k = \sum_{i=1}^{Y_{k-1}} X_i$$

$$E[Y_k] = E[Y_{k-1}]E[X_i] = E[Y_{k-2}](E[X_i])^2 = \cdots = (E[X_i])^k = r^k$$

包括 Y_0 在内, 所有衍生各代总数的均值为

$$z = \sum_{k=0}^{\infty} E[Y_k] = \sum_{k=0}^{\infty} r^k = \begin{cases} \infty, & r \geqslant 1 \\ 1/(1-r), & r < 1 \end{cases} \tag{5.1}$$

上面结果引用到服务系统时, 可用以下的类比:

- 一个顾客到达时, 系统呈现闲置状态: $(Y_0 = 1)$
- 在其服务期间有 X 顾客来到
- 顾客 i 接受服务时, 又有 X_i 到来 (衍生) 的顾客
- $r = \lambda E[S] = \lambda/\mu = \rho$
- 由 (5.1) 可知: 一个繁忙期服务的顾客平均数:

$$E[M] = 1/(1-\rho) = \mu/(\mu - \lambda) \tag{5.2}$$

同一概念也可用在计算繁忙期的长度上.

令

B 为繁忙期;

S_1 为繁忙期中第一个顾客的服务时间 (与其他服务时间具同分布);

N 为 S_1 期间顾客到达数.

因为繁忙期始于一个顾客而终于零顾客, 这 N 个顾客如同开启了 N 个独立而同分布的繁忙期, 每个繁忙期结束时, 系统上的人数减一, 直到人数为零. 所以

$$E[B|S_1, N] = E[S_1 + \sum_{i=1}^{N} B_i|S_1, N] = S_1 + NE[B]$$

去除条件 N, 则得

$$\begin{aligned} E[B|S_1] &= S_1 + \lambda S_1 E[B] \\ E[B] &= E[S_1] + \lambda E[S_1]E[B] \\ E[B] &= E[S_1]/(1 - \lambda E[S_1]) \\ &= E[S_1]/(1-\rho) \quad (E[S_1] = E[S] = 1/\mu) \\ &= 1/(\mu - \lambda) \end{aligned} \tag{5.3}$$

当然以上结果也可利用 (5.2) 与 $B = \sum_{i=1}^{i=M} S_i$ 的关系求得. 由于$\{S_i\}$与 M 互为独立

$$E[B] = E[M]E[S] = E[M]/\mu$$

同样地, 读者可用同一方法, 经过稍为繁琐的代数推演可验证:

$$E[B^2] = E[S^2]/(1-\rho)^3 \tag{5.4}$$

相同的概念可以利用队列长度与等待时间的关系, 求得 $M/G/1$ 队列的平均等待时间. 下面的例子就介绍了这个方法.

例 5.1 (面积求算法)　如图 5.2 所示, 以 A 代表在 B 时段队列长度曲线下的面积. 仍然以 N 代表 S_1 时间里到达的顾客数, 假定开启繁忙期的顾客在 $t=0$ 时到达.

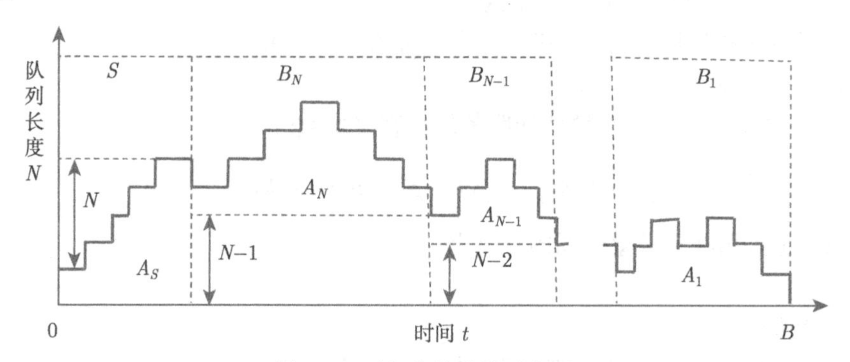

图 5.2　面积求算法的示意图

如前所论: $B = S + B_N + B_{N-1} + \cdots + B_1$. 以此可分段计算 A 的面积:

(i) A_s 曲线为 S 时段的面积. 由泊松到达过程的均匀性, 在 S 间隔中的 N 个到达时刻的均值就是等分 S 的 N 个点. 从 $t=0$ 时的队长为一开始, 在每一到达时间点, 队长增一. 因此 $E[A_s|S,N] = S + NS/2$.

(ii) 在 $j = N, N-1, \cdots, 1$ 的序列中, B_j 时段始于队长为 j 而终于 $j-1$. 首先这个时段的面积包含 $(j-1) \times B_j$ 的长方形. 去除这块后, 剩下的面积 A_j 与 A 具同分布 (为什么?).

先考量以 N 与 S 为已知条件的期望值, 再去除以 N 为已知的条件:

$$\begin{aligned}E[A|S,N] &= E[A_S + (A_N + A_{N-1} + \cdots + A_1) + S|S,N] \\ &\quad + E[((N-1)B_N + (N-2)B_{N-1} + \cdots + B_2 + 0B_1)|S,N] \\ &= S + \frac{NS}{2} + NE[A] + \frac{N(N-1)}{2}E[B]\end{aligned}$$

$$E[A|S] = S + \frac{SE[N]}{2} + E[N]E[A] + \frac{E[N(N-1)]}{2}E[B]$$

其中

$$\begin{aligned} E[N(N-1)] &= \sum_{n=0}^{\infty} n(n-1)e^{-\lambda S}\frac{(\lambda S)^n}{n!} \\ &= \sum_{n=2}^{\infty} n(n-1)e^{-\lambda S}\frac{(\lambda S)^n}{n!} \\ &= \sum_{n=2}^{\infty} e^{-\lambda S}\frac{(\lambda S)^{n-2}}{(n-2)!}(\lambda S)^2 = (\lambda S)^2 \end{aligned}$$

则

$$E[A|S] = S + \frac{\lambda S^2}{2} + \lambda S E[A] + \frac{(\lambda S)^2}{2}E[B]$$

除去 S 条件

$$E[A] = E[S] + \frac{\lambda E[S^2]}{2} + \lambda E[S]E[A] + \frac{\lambda^2}{2}E[S^2]E[B]$$

以 (5.3) 代入式中的 $E[B]$, 解出

$$E[A] = \frac{1}{\mu(1-\rho)} + \frac{\lambda E[S^2]}{2(1-\rho)^2} \tag{5.5}$$

最后, 根据 $E[A] = E\left[\sum_{i=1}^{i=M} W_i\right] = E[M] \times W$ 的关系 (W_i 为第 i 个顾客平均等待时间) 以及

$$E[M] = \mu E[B] = \frac{\mu}{\mu - \lambda} = \frac{1}{1-\rho}$$

而得

$$W = \frac{E[A]}{E[M]} = \frac{1}{\mu} + \frac{\lambda E[S^2]}{2(1-\rho)} \tag{5.6}$$

□

5.2 虚延迟与延误时间

在一 (随机) 任意时刻 t, 所有顾客所需的服务时间总和 $V(t)$, 被称为系统在 t 时刻的工作量 (workload). 它包括了等候服务者的服务时间以及正在接受服务者的剩余服务时间. 如图 5.3 所示, 在 $V(t) > 0$ 时, 因为每单位时间内对顾客提供的服务时间也是一个单位, $V(t)$ 的下降率为一, 因此 $V(t)$ 的斜率为 $-45°$. 在另一方面, 当顾客 i 在 t_i 时刻到达时, $V(t_{i+})$ 比之 $V(t_{i-})$ 则增加了 S_i (顾客 i 的服务时间).

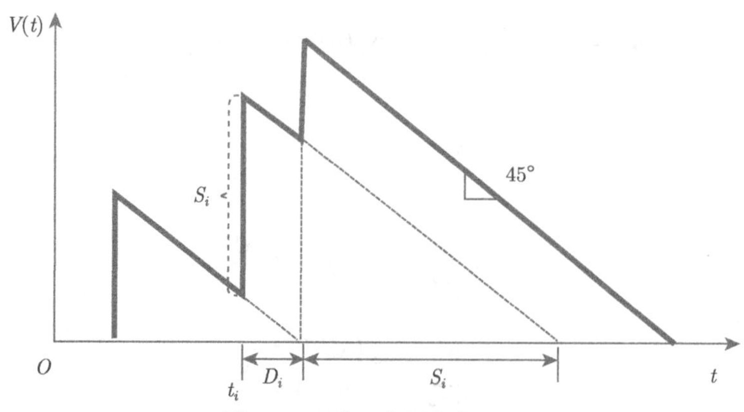

图 5.3　系统工作量与虚延迟

在图 5.3 中, 顾客 i 的延误时间 D_i 正是他到达时看到的 $V(t_{i-})$. 在任意时间点 t 的系统工作量也称为“虚延迟”(virtual delay). 意思就是: 它并非顾客在到达后真正经历的延误时间. 此外, $V(t)$ 代表工作量, 其值的增减变化不依排队规则 (顾客服务的先后顺序) 而变.

顾客 i 滞留在系统上的时间分为两段: (i) 先是经过延误时间, (ii) 而后是自己的服务时间. 在第一段中, 他呈献的工作量为 S_i, 在第二段, 则以与时间相同的流逝速率而递减. 所以该顾客在离去之前, 呈献的累积工作量 (图 5.3 中虚线所示的平行四边形与三角形面积之和) 为

$$\int_0^{D_i} S_i dt + \int_0^{S_i} (S_i - x)dx = D_i S_i + \frac{S_i^2}{2} \tag{5.7}$$

用图形表示其面积为

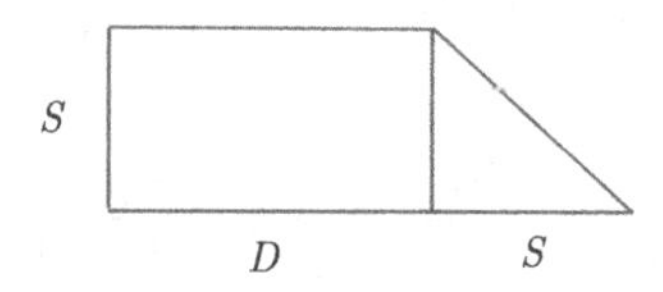

虚延迟在时间轴上累积的总量是图 5.3 中 $V(t)$ 曲线下的面积. 重复前用符号, 以 $A(t)$ 代表时间 t 以前的累计到达数. 当 $t \to \infty$ 时,

$$\int_0^t V(x)dx \approx \sum_{i=1}^{i=A(t)} (D_i S_i + S_i^2/2)$$

因此虚延迟的平均值为

$$E[V] = E\left[\lim_{t\to\infty} \frac{\int_0^t V(x)dx}{t}\right] = E\left[\lim_{t\to\infty} \sum_{i=1}^{A(t)} \left(D_i S_i + \frac{S_i^2}{2}\right) \Big/ t\right]$$

$$
\begin{aligned}
&= E\left[\lim_{t\to\infty}\frac{A(t)}{t}\right]E\left[D_iS_i+\frac{S_i^2}{2}\right]\\
&= \lambda E[D]E[S]+\lambda E\left[\frac{S^2}{2}\right]\\
&= \rho d+\rho\frac{E[S^2]}{2E[S]}\\
&= QE[S]+\rho\frac{E[S^2]}{2E[S]}
\end{aligned}
\tag{5.8}
$$

在以上的演绎中, 利用了前面章节曾提到的关系, 包括: $\lim\limits_{t\to\infty}A(t)/t=\lambda$, $\rho=\lambda E[S]$, $d=E[D]$, 以及 $Q=\lambda d$.

(5.8) 的右边两项可以解释为: (i) 在等候服务者方面, 平均工作量的总和等于平均等候接受服务的顾客数 (Q) 乘以平均服务时间 ($E[S]$), (ii) 服务台上平均剩余工作量是: 服务台正在提供服务的概率 (ρ) 乘以平均剩余服务时间 ($E[S^2]/2E[S]$, 见 (2.11)). 此二者之和即为平均虚延迟.

5.3 $M/G/1$ 队列的延误时间

与 (2.5) 相同的理由, "泊松到达者见到时间平均量" 的特性, 在此处同样有效. 也就是说: 在泊松到达流的条件下, $M/G/1$ 队列的 $d=E[V]$. 据此, 由 (5.8) 可得

$$
d=E[V]=QE[S]+\rho\frac{E[S^2]}{2E[S]}=\lambda dE[S]+\lambda\frac{E[S^2]}{2}
$$

所以平均延误时间

$$
d=\frac{\lambda E[S^2]}{2(1-\rho)}
\tag{5.9}
$$

平均等待时间

$$
W=E[S]+d=\frac{1}{\mu}+\frac{\lambda E[S^2]}{2(1-\rho)}
\tag{5.10}
$$

平均队列长度

$$
\begin{aligned}
L=\lambda W &= \lambda\left(\frac{1}{\mu}+\frac{\lambda(1+CV^2)(E[S])^2}{2(1-\rho)}\right)\\
& \rho+\frac{\rho^2(1+CV^2)}{2(1-\rho)}
\end{aligned}
\tag{5.11}
$$

上式中 $CV=SD[S]/E[S]$ 是服务时间的变易系数. (5.11) 的关系指出: $M/G/1$ 队列的平均队长依 (i) 服务台使用率与 (ii) 服务时间的变易系数而定, 且为此二者的增函数. 使用率越高, L 值越大, 变易越大, L 值越大.

5.4 自动物料存取系统

“自动物料存取系统”(automated storage and retrieval system, AS/RS) 是物料仓库常用的一种物料搬运设备. 它的主要部分称为“存取器”(direct access handler, DAH), 基本上像一个置放在车子上的机械手, 由于能载运人力无法负重的物件, 做上下、前后以及旋转的移动, 也被一些生产线采用. 整体系统由存取器、储存架、操作控制与通信子系统所组成.

图 5.4 是该系统应用于生产线的示意图, 图 5.4(a) 中搬运叉可上下 (y-轴)、进退 (z-轴) 和旋转 (θ-轴) 地移动, 因而可以替各工作台 (图 5.4(b) 共列八台) 取送物件. 在提供服务时, 除 z-轴外, 搬运装置可以在其他各轴上同时移动. 只有到达取放点而各轴移动完全停止后, 搬运叉才能在 z-轴上进退, 以取放物件.

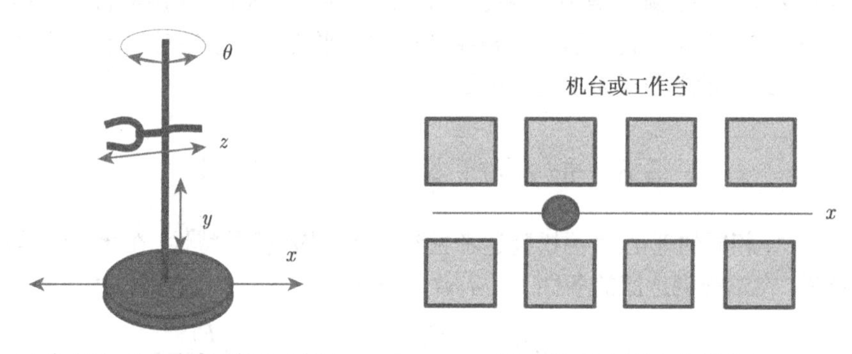

(a) 存取器、DAH与各动轴的示意图

(b) 存取器与工作台的俯视图

图 5.4 自动物料存取系统, AS/RS

当工作台数目大到一定程度 (譬如 8 个或更多) 时, 对 AS/RS 的服务要求可视为一泊松到达过程. AS/RS 的服务时间由数个因素决定 (i) 提供一次服务时搬运装置的所在位置 (i-位), (ii) 获取物件处 (j-位), (iii) 放置物件处 (k-位), (iv) z-轴取 (放) 物件的时间: u (v), 以及 (v) 其他各轴 (x, y, θ) 需要移动的时间: $(tx_{ij}, ty_{ij}, t\theta_{ij})$ 和 $(tx_{jk}, ty_{jk}, t\theta_{jk})$.

为了方便讨论, 把取放点分别在 i-位和 j-位的服务要求称为“(i, j)-需求”. 原先搬运装置在 i-位, 而对 (j, k)-需求提供服务的行为称为“(i, j, k)-服务”. 它的服务时间为

$$S_{ijk} = \max(tx_{ij}, ty_{ij}, t\theta_{ij}) + u + \max(tx_{jk}, ty_{jk}, t\theta_{jk}) + v \tag{5.12}$$

由于任何一个服务的起始点是前一服务的终点, 两个连续的服务时间不会互为独立. 所幸在处理实际问题时, $M/G/1$ 模型仍然有效. 其原因有二: (i) 取放时, z-轴

的速度必须放慢, 以免损害物件, 换而言之, (5.12) 式中的 u 与 v 值大过其他两项, (ii) 连续两个服务时间, S_{ijk} 和 S_{klm}, 只有一小部分有关联, 因而相关性很低.

$M/G/1$ 模型应用到 AS/RS 的计算程序简单易明, 列之于下.

AS/RS 绩效分析的模型

(a) 生产线有 n 道工序, 日产 h 产品. 每日有效工作时间为 TT 单位时间. 服务的需求率 (到达率): $\lambda = 2nh/TT$ (物料进出工作台都需经由暂存区).

(b) 依各取放点的距离与各轴的移动速度和加速度, 计算各 (i-位, j-位) 之间的移动时间: tx_{ij}, ty_{ij}, tz_{ij}, 以及 $t\theta_{ij}$. 至于 z-轴, 因其移动距离不变, u 和 v 可当成常数.

(c) 用 (5.12) 计算所有 (i,j,k)-服务时间.

(d) 令 $f_{ij} = i$-位到 j-位的日需求次数, 计算 $F = \sum\limits_{ij} f_{ij}$.

(e) 当一需求出现时, 其为 (i,j)-需求的概率: $r_{ij} = f_{ij}/F$.

(f) 在服务开始时, 搬运装置在 j-位的概率: $q_j = \sum\limits_{i=1,\cdots,n} f_{ij}/F$.

(g) $P[S(\text{服务时间}) = S_{ijk}] = p_{ijk} = r_{jk}q_i,\ i,j,k = 1,\cdots,n$.

(h) $E[S^m] = \sum\limits_{ijk}(S_{ijk})^m p_{ijk}$. 系统使用率: $\rho = \lambda E[S]$.

在一个实际案例中, 这样一个 AS/RS 设置于无尘室内时, 曾考察过三组规格. 由于生产线上物件垂直移动距离过短, 可以不计. 表 5.1 中省略了 y-轴的数据. 此外, 第一组的装置无旋转功能, 故其速为 0.

表 5.1 AS/RS 各移动轴的数据

组合	1	2	3
x-轴最大速度 (ft/s)	3.3	6	6.6
x-轴加速度 (ft/s^2)	1.6	2	3.3
θ-轴旋转速度 ((°)/s)	0	60	60
z-轴取料时间 (s)	7.5	6	3.8
z-轴放置时间 (s)	9	6	3.8

这三种组合对不同的生产要求 (产能、工序、工作台数、每日有效生产时数) 所呈现的绩效用上述 $M/G/1$ 模型来计算. 图 5.5 的横坐标为 ρ (系统使用率, 介于 0 与 1 之间), 纵坐标为 W (平均等待时间, 以秒为单位). 用最小平方法或直观方式, 各组绩效数据 (图中不同形状的点) 可分别用三条曲线来描述.

对同一使用率而言, 第三组的平均等待时间最小, 第二组次之. 反过来说, 当平均等待时间超过 60 秒后, 稍微增加系统的负荷 (使用率小幅增加), W 值就会加速攀升. 因此在系统设计时, 应使平均等待时同保持在 60 秒之内.

结合以上分析与成本 (设置成本 + 操作费用) 考量后, 就可作为决策的依据. □

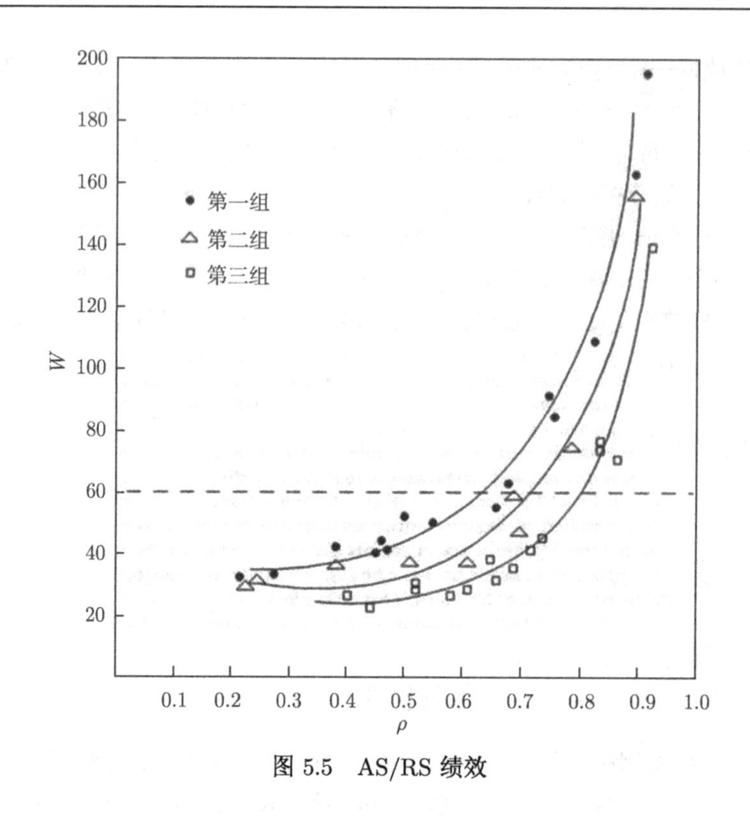

图 5.5　AS/RS 绩效

5.5　$M/G/1$ 队列长度的期望值与分布

(5.11) 的平均队长是利用 $L=\lambda W$ 求得, 而队长分布以及高阶矩可由连续两次离去时刻队长的关系来解. 令

X_n 为第 n 个顾客 (简称为顾客 n) 离去时留在系统上的顾客数;

S_n 为顾客 n 的服务时间;

Y_n 为在 S_n 时段的到达个数.

倘若 $X_n>0$, 那么顾客 $(n+1)$ 离去时, 留在系统上的顾客数就等于 X_n 加上在 S_{n+1} 增加的数减去刚离去者, 因此 $X_{n+1}=X_n+Y_{n+1}-1$. 若 $X_n=0$, 那么该顾客离去时留在系统上的顾客数就是 S_{n+1} 期间的到达数, 故 $X_{n+1}=Y_n$. 合并这两种情况 X_{n+1} 与 X_n 的关系可写作

$$X_{n+1}=X_n+Y_{n+1}-\delta_n,\quad \delta_n=\begin{cases}1, & X_n>0\\ 0, & X_n=0\end{cases}\tag{5.13}$$

由 δ 的定义以及对到达过程的假设, 很容易证明:

$$\begin{aligned}
&\text{(i) 因 } X_n \text{ 与 } Y_{n+1} \text{ 相互独立, } Y_{n+1} \text{ 与 } \delta_n \text{ 亦如此;}\\
&\text{(ii) } X_n\delta_n = X_n;\\
&\text{(iii) } (\delta_n)^k = \delta_n;\\
&\text{(iv) } E[\delta_n] = P[X_n > 0] = \lambda E[S] = \rho;\\
&\text{(v) } E[Y_n(Y_n-1)\cdots(Y_n-k+1)] = \lambda^k E[S^k], \quad k = 1, 2, \cdots.
\end{aligned} \tag{5.14}$$

上述第四项源自于: $E[\delta_n] = 1 \times P[X_n > 0] + 0 \times P[X_n = 0]$. 第五项来自泊松分布的阶矩:

$$\begin{aligned}
E[Y_n(Y_n-1)\cdots(Y_n-k+1)|S] &= \sum_{n=0}^{\infty}[n(n-1)\cdots(n-k+1)]\frac{(\lambda S)^n}{n!}e^{-\lambda S}\\
&= (\lambda S)^k \sum_{n=k}^{\infty}\frac{(\lambda S)^{n-k}}{(n-k)!}e^{-\lambda S}
\end{aligned}$$

(5.13) 式等号两边各取平方, 再取其期望值

$$X_{n+1}^2 = X_n^2 + Y_{n+1}^2 + \delta_n^2 + 2X_nY_{n+1} - 2X_n\delta_n - 2Y_{n+1}\delta_n$$

$$\begin{aligned}
E[X_{n+1}^2] = {} & E[X_n^2] + E[Y_{n+1}^2] + E[\delta_n]\\
& + 2E[X_n]E[Y_{n+1}] - 2E[X_n] - 2E[Y_{n+1}]E[\delta_n]
\end{aligned}$$

令 $n \to \infty$, $E[X_{n+1}^2] = E[X_n^2] = E[X^2]$. 以 W_t 表示等待时间, 上式简化为

$$0 = (\lambda^2 E[S^2] + \lambda E[S]) + \rho + 2(\rho - 1)E[X] - 2\rho^2$$

$$\begin{aligned}
2(1-\rho)E[X] &= \lambda^2 E[S^2] + 2\rho(1-\rho)\\
E[X] = L &= \frac{\lambda^2 E[S^2]}{2(1-\rho)} + \rho\\
E[W_t] = W &= \frac{\lambda E[S^2]}{2(1-\rho)} + E[S]
\end{aligned}$$

同样地, 由 $X_{n+1}^3 = (X_n + Y_{n+1} - \delta_n)^3$ 可求得队长的二阶矩

$$E[X^2] = \frac{\lambda^3 E[S^3]}{3(1-\rho)} + \frac{3\lambda^2 E[S^2]}{2(1-\rho)} + \frac{(\lambda^2 E[S^2])^2}{2(1-\rho)} + \rho \tag{5.15}$$

因为 X 是 W_t 期间的顾客到达数, 利用 $E[X(X-1)\cdots(X-K+1)] = \lambda^k E[W_t^k]$ 的关系, 得

$$E[W_t^2] = \frac{\lambda E[S^3]}{3(1-\rho)} + \frac{E[S^2]}{(1-\rho)}\left[\frac{(\lambda^2 E[S^2])}{2(1-\rho)} + 1\right] \tag{5.16}$$

除了期望值之外, (5.13) 也是求得队长分布的关键式.

$$\begin{aligned}P[X_{n+1}=j] &= \sum_{i=0}^{\infty} P[X_{n+1}=j|X_n=i]P[X_n=i] \\ &= \sum_{i=0}^{\infty} P[X_n+Y_n-\delta_n=j|X_n=i]P[X_n=i] \\ &= \sum_{i=0}^{\infty} P[Y_{n+1}=j-i+\delta_n|X_n=i]P[X_n=i] \\ &= P[Y_{n+1}=j]P[X_n=0]+\sum_{i=1}^{j+1} P[Y_{n+1}=j-i+1]P[X_n=i]\end{aligned}$$

令 $P_j=\lim\limits_{n\to\infty} P[X_n=j]$, 上式简化为

$$P_j=P[Y=j]P_0+\sum_{i=1}^{j+1} P[Y=j-i+1]P_i, \quad j=0,1,\cdots \tag{5.17}$$

以 $G(t)$ 代表服务时间的分布函数, 则上式中

$$P[Y=j]=\int_0^{\infty} \frac{(\lambda t)^j}{j!} e^{-\lambda t} dG(t), \quad j=0,1,2,\cdots \tag{5.18}$$

(5.17) 为线性联立方程式. 但是由于变数$\{P_j\}$有无穷多, 而且每个方程式又并非如 $M/M/1$ 的平衡方程式那样的简单关系, 加上计算 (5.18) 的值未必是一件容易的事, 因此没有简单的解法. 下面提供一个适合许多实际案例的近似解与计算方法.

第 2 章列举的服务时间: (i) 如人工组装时间分布可以考虑用伽马分布或对数正态分布来作模型 (图 2.8 和图 2.9), 它的 CV 通常介于 0.1 和 0.65 之间. (ii) 又如机器维修时间常具有超指数分布 (图 2.11, 图 2.12), 而其 $CV>1$. 后者留在 5.6 节里讨论. 下面先谈第一种情况. 首先, (5.11) 式指出平均队长是服务时间的变易系数 CV 的函数, 其次, $M/D/1$ 队列 (服务时间为一常数) 与 $M/M/1$ 队列的 CV 分别是 0 和 1. 因此一个简易的近似解就是把 $M/G/1$ 队长分布当成 $M/D/1$ 和 $M/M/1$ 队长分布的“凸组合” (convex combination).

为了方便讨论, 下面的数学符号中, 就用 G, M, D 作下标, 以分别代表 $M/G/1$, $M/M/1$ 和 $M/D/1$ 服务系统. 在 $CV=1$ 和 0 时, (5.11) 变成

$$L_M=\rho+\frac{\rho^2}{(1-\rho)}(M/M/1), \quad L_D=\rho+\frac{\rho^2}{2(1-\rho)}(M/D/1)$$

(5.11) 可改写作

$$L_G=\rho+\frac{\rho^2(1+CV^2)}{2(1-\rho)}$$

$$
\begin{aligned}
&= \rho + \frac{2\rho^2(CV^2)}{2(1-\rho)} + \frac{(1-CV^2)\rho^2}{2(1-\rho)} \\
&= (CV)^2 \left\{ \rho + \frac{2\rho^2}{2(1-\rho)} \right\} + \left(1 - CV^2\right) \left\{ \rho + \frac{\rho^2}{2(1-\rho)} \right\} \\
&= CV^2 L_M + (1 - CV^2) L_D
\end{aligned} \tag{5.19}
$$

同样的概念引用到 $P_G(i) = P[M/G/1\ 队长 = i]$,

$$
P_G(i) = CV^2 P_M(i) + (1 - CV^2) P_D(i), \quad CV \leqslant 1 \tag{5.20}
$$

由 (3.5) 知 $P_M(i) = (1-\rho)\rho^i$, $i = 0, 1, 2, \cdots$. 至于 $M/D/1$ 队长分布, 因推演繁复, 就直接写在下面, 不再证明了:

$$
P_D(i) = (1-\rho) \sum_{j=0}^{i} (-1)^{i-j} \frac{(j\rho)^{i-j-1}(j\rho + i - j)}{(i-j)!} e^{j\rho}, \quad i = 0, 1, 2, \cdots \tag{5.21}
$$

图 5.6 提供了 $M/E_4/1$ (服务时间为 4-相埃尔朗分布 —— 4 个相同又独立的指数变数之和的分布) 在服务台使用率 $\rho = 0.9$ 时, 队长分布的正确解与 (5.20) 式的近似解的比较. 其中正确解是以数值取自 (Hillier and Yu, 1981).

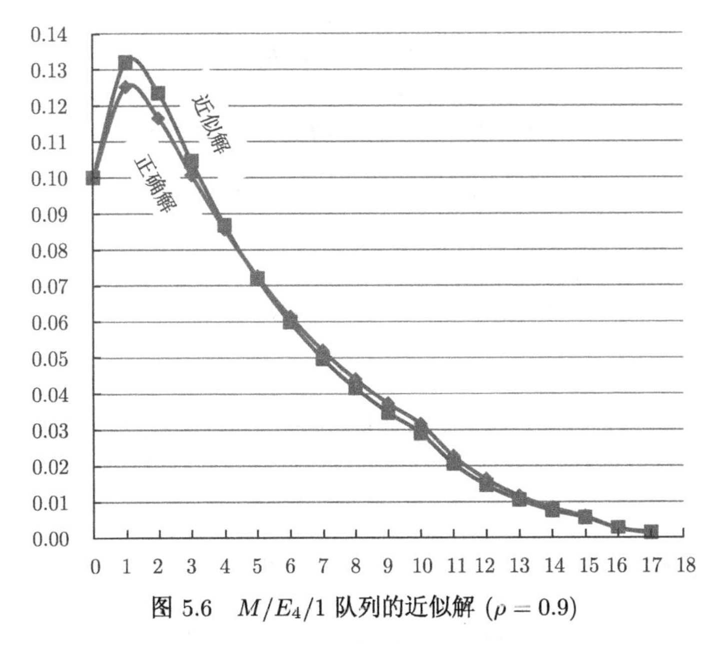

图 5.6 $M/E_4/1$ 队列的近似解 ($\rho = 0.9$)

其他检测的例子包括, $\rho = 0.1$, 0.5, 0.9 以及 E_2, E_4 和 E_8. 所得结果与图 5.6 相似.

需要特别指出的 (5.20) 的有效范围是 $CV \in [0,1]$, 用的是内补法 (interpolation), 较之用于 $CV > 1$ 时的外插法 (extrapolation) 可靠得多. 由于服务时间为正值, 当 $CV > 1$ 时, 其密度函数必定是正偏斜 (positively skew) 而有较长的右尾, 所以服务时间往往如图 2.11 与图 2.12 所示, 近似于超指数变数 (其他可能的统计分布模型包括伽马、对数正态和韦布尔 (Weibull)), 其分布函数:

$$G(t) = 1 - \alpha e^{-\mu_1 t} - \overline{\alpha} e^{-\mu_2 t}, \quad 0 < \alpha < 1, \overline{\alpha} = 1 - \alpha, \mu_1 > 0, \mu_2 > 0$$

这样的服务系统可用 $M/H/1$ 队列模型来作分析. 服务时间 S 的均值与变易系数分别是

$$E[S] = \frac{\alpha}{\mu_1} + \frac{\overline{\alpha}}{\mu_2} \quad 和 \quad CV[S] = \sqrt{\frac{2(\alpha/\mu_1^2 + \overline{\alpha}/\mu_2^2)}{(\alpha/\mu_1^2 + \overline{\alpha}/\mu_2)^2} - 1} \tag{5.22}$$

5.6　$M/H/1$ 队长分布的迭代计算法

由于 $G(t)$ 由两个不同指数分布组成, 服务率分别为 μ_1 和 μ_2. 服务时间是二者之一的概率分别为 α 和 $\overline{\alpha}$. 队长分布除了零顾客的 P_0 之外, 可写作 $P_{ij} = P$ [队长 $= i$, 服务率 $= \mu_j$], $j = 1,2, i = 1,2,\cdots$ 而 $P_i = P$ [队长 $= i$] $= P_{i1} + P_{i2}$. 队长分布的平衡方程式就可参照图 4.5 写出:

$$\lambda P_0 = \mu_1 P_{11} + \mu_2 P_{12} \tag{5.23}$$

$$(\lambda + \mu_1) P_{11} = \alpha\lambda P_0 + \alpha\mu_1 P_{21} + \alpha\mu_2 P_{22} \tag{5.24}$$

$$(\lambda + \mu_2) P_{12} = \overline{\alpha}\lambda P_0 + \overline{\alpha}\mu_1 P_{21} + \overline{\alpha}\mu_2 P_{22} \tag{5.25}$$

$$\cdots$$

$$(\lambda + \mu_1) P_{i1} = \lambda P_{i-1,1} + \alpha\mu_1 P_{i+1,1} + \alpha\mu_2 P_{i+2,2}, \quad i = 2,3,\cdots \tag{5.26}$$

$$(\lambda + \mu_2) P_{i2} = \lambda P_{i-1,2} + \overline{\alpha}\mu_1 P_{i+1,1} + \overline{\alpha}\mu_2 P_{i+2,2}, \quad i = 2,3,\cdots \tag{5.27}$$

分别相加 (5.23), (5.24), (5.25) 等号左右两边, 并除去两边相同各项:

$$\lambda(P_{11} + P_{12}) = \mu_1 P_{21} + \mu_2 P_{22} \tag{5.28}$$

用此关系从 (5.24), (5.25) 式中消去 P_{21} 和 P_{22}

$$(\lambda + \mu_1) P_{11} = \alpha\lambda P_0 + \alpha\lambda(P_{11} + P_{12}) \tag{5.29}$$

$$(\lambda + \mu_2) P_{12} = \overline{\alpha}\lambda P_0 + \overline{\alpha}\lambda(P_{11} + P_{12}) \tag{5.30}$$

重复地用此相加后的结果, 按顺序与平衡方程式中接下去的两式相加, 可得出一般式:

$$\lambda(P_{i-1,1} + P_{i-1,2}) = \mu_1 P_{i1} + \mu_2 P_{i2}, \quad i = 2, 3, \cdots \tag{5.31}$$

另一方面, 比较 (5.26)$\times\overline{\alpha}$ 和 (5.27)$\times\alpha$, 可得

$$\overline{\alpha}(\lambda + \mu_1)P_{i1} - \overline{\alpha}\lambda P_{i-1,1} = \alpha(\lambda + \mu_2)P_{i2} - \alpha\lambda P_{i-1,2}, \quad i = 2, 3, \cdots \tag{5.32}$$

$M/H/1$ 队长分布的计算方法

(i) 由 (1.8) 已知任何单一服务台系统的闲置概率:

$$P_0 = 1 - \lambda E[S] = 1 - \lambda(\alpha/\mu_1 + \overline{\alpha}/\mu_2).$$

(ii) 令 $\theta = \lambda/(\lambda\alpha\mu_1 + \lambda\overline{\alpha}\mu_2 + \mu_1\mu_2)$, 由 (5.29), (5.30) 以及 (5.23) 可得下列结果:

$$P_{11} = \theta\alpha(\lambda + \mu_2)P_0$$

$$P_{12} = \theta\overline{\alpha}(\lambda + \mu_1)P_0$$

$$P_1 = P_{11} + P_{11}$$

以此计算出 P_{11}, P_{12}, P_1.

(iii) 令 $k = 2$, $SS = P_0 + P_1$.

(iv) 由 (5.31) 和 (5.32), 得出下列结果, 以计算出 P_{k1}, P_{k2}, P_k:

$$P_{k1} = \theta[(\lambda\alpha + \mu_2)P_{k-1,1} + \lambda\alpha P_{k-1,2}]$$

$$P_{k2} = \theta[\lambda\overline{\alpha}P_{k-1,1} + (\lambda\overline{\alpha} + \mu_1)P_{k-1,2}]$$

$$P_k = P_{k1} + P_{k2}$$

(v) $SS \leftarrow SS + P_k$.

(vi) 如果 $SS < 1 - \varepsilon$ (ε 为一极小数, 如 10^{-6}), 则 $k \leftarrow k + 1$, 回到第 (iv) 步骤.

反之, 停止运算. 队长分布即为 $\{P_j, j = 0, 1, \cdots, k\}$. □

图 5.7 比较在 $\rho = 0.7$ 时 $M/M/1$ 与 $M/H/1$ 队列长度分布此处的超指数服务时间分布为 $G(t)1 - 0.5e^{-10t} - 0.5e^{-t}$, $E[S] = 0.55$, $CV[S] = 1.53$, $\lambda = 1.27$. 因其变异系数较大, 相较于 $M/M/1$ 队列, $M/H/1$ 队列分布有较多概率在队列较长之处, 也更接近 L-形状.

在操作某些服务系统时, 繁忙期开始之初会有一段前置期 (如: 开机工作时, 必须有段温机时间), 在排队模型里, 可把这段时间加在第一个服务时间上, 那么繁忙期的第一个服务时间就有不同于往后服务时间的分布. 这种模式不仅符合实际需

要, 而且在解决优先排队问题时, 也是一个重要的概念 (详见第 6 章). 下面就此状况作讨论.

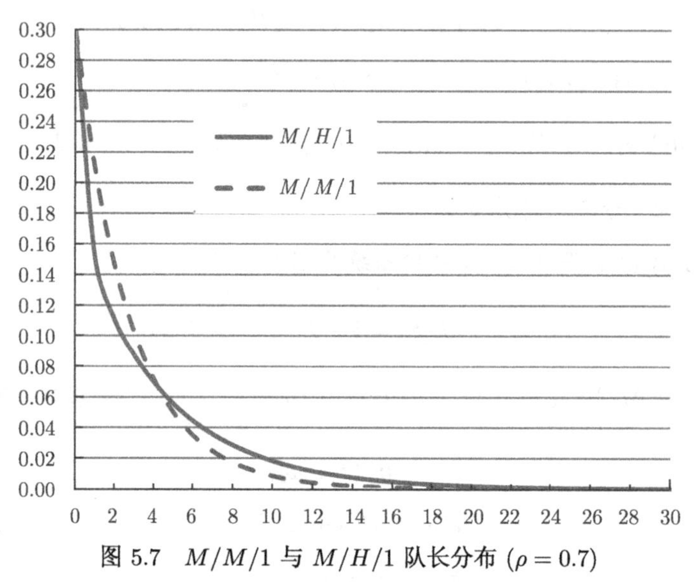

图 5.7　$M/M/1$ 与 $M/H/1$ 队长分布 ($\rho = 0.7$)

5.7　第一服务时间异常的系统

令

B_e 为第一服务时间常异的繁忙期;

S_e 为第一服务时间 (不同于其他服务时间 S);

N 为 S_e 时间内到达个数;

B 为所有服务时间同分布时的繁忙期, $E[B] = 1/(\mu - \lambda)$.

上面 $E[B]$ 的结果来自 (5.3). 引用与 5.1 节中分枝过程同样的概念, 得

$$E[B_e|S_e, N] = S_e + NE[B]$$

$$E[B_e|S_e] = S_e + \lambda S_e E[B]$$

$$\begin{aligned}E[B_e] &= E[S_e] + \lambda E[S_e]E[B] \\ &= E[S_e]\left[1 + \frac{\lambda}{\mu - \lambda}\right] \\ &= \frac{E[S_e]\mu}{\mu - \lambda}\end{aligned}$$

$$E[B_e] = \frac{E[S_e]}{1-\rho} \tag{5.33}$$

讨论到此, 读者应该可以用例 5.1 的求面积算法解出: 第一服务时间异常时顾客的平均延误时间.

下面考察多个服务台的系统. 先从一个极端的情况 $M/G/\infty$ 队列开始.

5.8 $M/G/\infty$ 队列

由于服务台有无限多, 每个顾客无须耽误就可占用一个服务台. 倘若服务时间为一常数 $S=s$ (用 $M/D/\infty$ 表示), 那么在 x 时刻到达的顾客, 就会在 $x+s$ 完成服务而离去. 所以离去过程 $B(t)$ 和到达过程 $A(t)$ 相同, 只是所有事件发生时刻后延了 s 时间单位 (图 5.8).

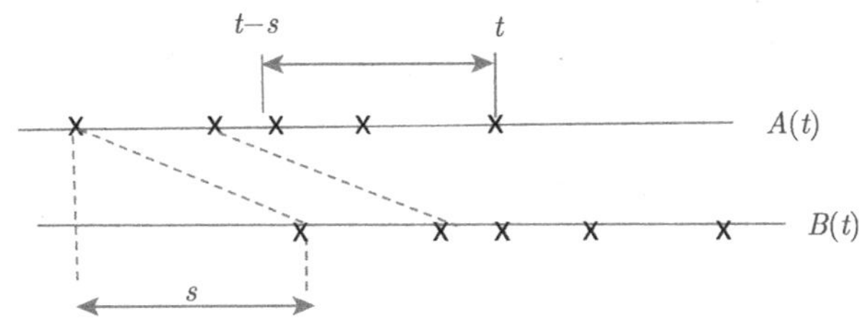

图 5.8 $M/D/\infty$ 的离去过程

由此可得下列结果:

(i) 既然 $A(t)$ 是泊松过程, 那么 $B(t)$ 也是泊松过程;

(ii) 在任意一时段, r, 到达 (离去) 次数都服从以 λr 为均值的泊松分布;

(iii) 在一任意时刻 t 系统上的顾客数等于 $(t-s,t)$ 之间的到达数;

(iv) 由于离去时的队长分布与到达时的队长分布相同, 从 PASTA 的特点可知 $M/D/\infty$ 队列长度为泊松分布, 均值为 λs.

从实用观点来看, 几乎所有的分布都可用一个离散分布来作为它的“近似”分布. 换而言之, 一个服务时间的近似分布可写作 $P[S=s_j]=p_j$, $j=1,2,\cdots,n$, 而 $\sum_j p_j=1$. 其中 (i) $P[S<s_1]\approx 0$, (ii) $P[S>s_n]\approx 0$, (iii) $s_j=s_1+(j-1)\Delta$, $j=2,\cdots,n$, 此处 Δ 与 s_n 相比为一极小的数. 到达过程可按照 $\{p_j\}$ 的概率分布分裂为 n 个互为独立的子过程 (图 5.9), 这些子过程产生的顾客的服务时间分别为 s_j (固定数), $j=1,2,\cdots,n$. 因而一个 $M/G/\infty$ 队列的近似模型就是由 n 个互为独立的 $M/D/\infty$ 队列组成的复合队列. 而 $M/G/\infty$ 队列长度 $N(t)$, 就近似于 n 个分别以 $\{\lambda p_j s_j\}$ 为均值的泊松变数之和. 因为 $\sum_j p_j s_j \cong E[S]$, $N(t)$ 服从于泊松分布, 其均值为 $\lambda E[S]$.

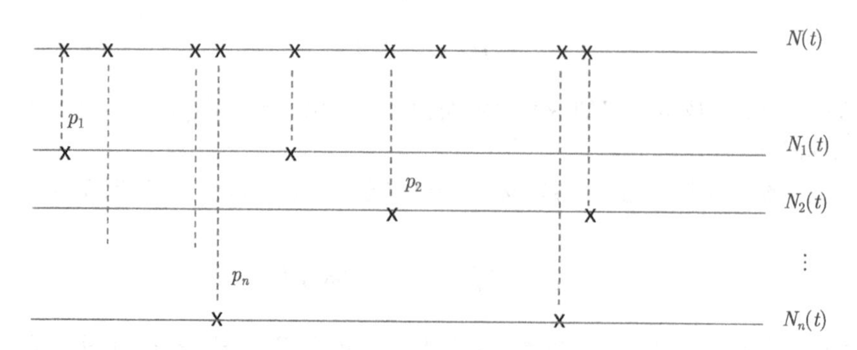

图 5.9　到达过程分裂为子过程

令 $A=$\{在 t 时刻某顾客在系统上\}. 因泊松到达过程的假设, 该顾客到达时间 T 会均匀分布于 $(0,t)$, 其次 $A=\{S>t-T\}$, 故

$$\begin{aligned}h(t)=P[A]&=\int_0^t P[A|T=u]\frac{1}{t}du=\int_0^t \frac{1}{t}P[S>t-u]du\\&=\int_0^t \frac{1}{t}[1-G(t-u)]du\\&=\int_0^t \frac{1}{t}[1-G(u)]du\end{aligned}$$

已知 $B(n)=$ \{在 t 之前有 n 到达者\}, 其中有 k 个在 t 时留在系统上的条件概率为二项分布:

$$P[N(t)=k|B(n)]=\binom{n}{k}(h(t))^k(1-h(t))^{n-k}$$

$$\begin{aligned}\Rightarrow P[N(t)=k]&=\sum_{n=k}^{\infty}\frac{n!}{k!(n-k)!}[h(t)]^k[1-h(t)]^{n-k}e^{-\lambda t}\frac{(\lambda t)^n}{n!}\\&=\sum_{n=k}^{\infty}\frac{(\lambda[1-h(t)]t)^{n-k}}{(n-k)!}e^{-\lambda[1-h(t)]t}\left(e^{-\lambda h(t)t}\frac{[\lambda h(t)t]^k}{k!}\right)\end{aligned}$$

因为 $\lim\limits_{t\to\infty}h(t)t=\lim\limits_{t\to\infty}\int_0^t[1-G(v)]\,dv=E[S]=1/\mu$

$$P[N(t)=k]=e^{-\lambda/\mu}\frac{(\lambda/\mu)^k}{k!} \tag{5.34}$$

同样的方法可证明: $M/G/\infty$ 队列的离去过程也是泊松过程 (发生率为何?).

虽然没有一个系统可提供无限资源, 作为数学模型的 $M/G/\infty$ 队列却有不少现实生活中应用的例子. 下面介绍一个存量管理的案例, 以后再讨论一个紧急救护/救援系统.

5.9 零备件的存量管理

维修设备或机器时, 往往需要更换零件, 因此就有了零备件 (用来替换损坏的零件) 存量的问题. 存得太少, 维修时可能因零备件用完, 而造成长时间的延误. 存得太多, 又可能造成不必要的资金压积与额外仓储费用. 因此, 究竟各类零备件需要存多少才算合适, 就成为一个问题了. 为了求解, 可以先合理地假设:

(i) 机器损坏而需更换零件的发生多为稀有事件, 因而服从泊松过程, 其发生率为 λ;

(ii) 更换需求发生时, 即刻提取库存零件, 同时购置一个同类零备件以作补充;

(iii) 若无库存, 则维修者必须等待购置零件. (因此每次更换需求发生, 无论有无库存, 都会再购置一个同类零备件);

(iv) 从购置到获得零备件所需的平均时间 $E[S] = 1/\mu$;

(v) 零备件存量目标为 k.

现在来比较两个系统, 并列于表 5.2. 图 5.10 为 $M/G/\infty$ 模型的示意图.

表 5.2 存量系统与 $M/G/\infty$ 系统

存量系统	$M/G/\infty$ 系统
零件更换需求	顾客到达系统
购置一个零件	系统提供服务
购置到进库时间	服务时间
购置零件进库	服务完毕, 顾客离去
存量为 $k-n$, $(n<k)$	队长 $N=n(n<k)$
无库存零件	队长 $N \geqslant k$

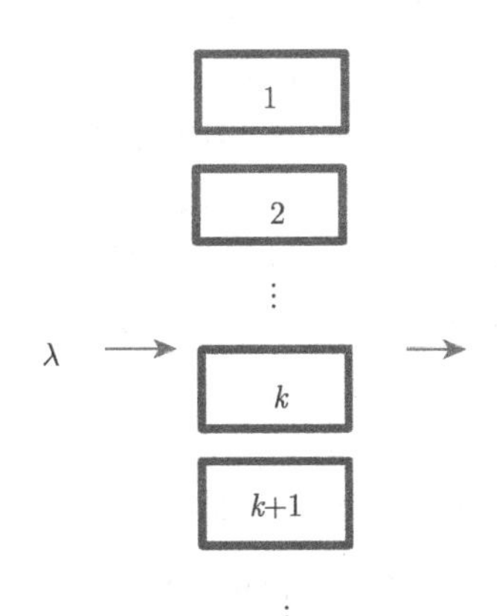

图 5.10 $M/G/\infty$ 模型的示意图

每次维修需要一个零备件, 就会购置一个以为补充. 相对于服务系统而言, 就是相当于一顾客的来到. 补充而尚未取得 (进库) 者, 就被视为 $M/G/\infty$ 系统上多了一个顾客, 因为服务台为数无穷, 该顾客在系统上的等待时间等于他的服务时间, 也相当于获取零件所需的时间 (ordering lead time). 当需要补充而还未进库零件数 $N(M/G/\infty$ 的队列长度) 大于等于 k 时, 库存量即为零. $\{N > k\}$ 表示缺货呈现压积状态, 进来的零件会被即刻使用, 存量依旧为零. (从数学逻辑上讲, 存量因积欠而为负数)

有了这层认识, 由 (5.34) 可知零备件缺货的概率

$$p(k) = P[N \geqslant k] = \sum_{i=k}^{\infty} \frac{(\lambda/\mu)^i}{i!} e^{-\lambda/\mu} \tag{5.35}$$

若有 m 个不同的零备件, 各自有其对应的 $\{\lambda_j\}$, $\{\mu_j\}$ 以及成本 $\{c_j\}$. 令 $a_j = \lambda_j / \sum_i \lambda_i$ 存量优化的问题可以写为

$$\min Z = c_1 x_1 + c_2 x_2 + \cdots + c_m x_m$$

其中

$$a_1 q_1(x_1) + a_2 q_2(x_2) + \cdots + a_m q_m(x_m) \geqslant b$$

$$q_j(x_j) = \sum_{i=0}^{x_j} \frac{(\lambda_j/\mu_j)^i}{i!} e^{-\lambda_j/\mu_j},$$

$$x_j = 0, 1, 2, \cdots, \quad j = 1, 2, \cdots, m \tag{5.36}$$

这就是说: 在平均供货率不低于 b 的条件下, 求最优的组合 $(x_1, x_2, \cdots, x_m)$, 以期达到最低存货总值 (注意: (5.36) 中各 q_j 值的加权数为 a_j). 这类问题的简单解 (计算快速的正确解) 并不存在, 但是可用启发式 (heuristics) 解法快速找到“有效”的解 (接近极小值). 合理的存量政策可以经由变换 b 值后的试算结果来决定. 由于本书目的不在讨论优化问题, 下面仅示范一简单例子.

表 5.3 列有 10 个零备件的成本及其购置周期, 分别以 $b = 93\%$ 与 98% 求得各零备件的存量目标与供货率, 以及平均供货率 q 与“接近最低的”存量总值 Z.

改变 b 值, 可得一系列的 (Z, q) 值, 如图 5.11 所示, 连接各点成一条增凹 (increasing concave) 曲线. 这种现象基本上符合第 1 章开始提到的“边际报酬递减率”. 在一般情形下, 最佳存量政策是在曲线斜率较小 (曲线弯曲而逐渐成为水平) 之处, 如图中大约是在 $(Z, q) = (\$16\text{k}, 95\%)$ 处, 在这点之后, 即使大幅增加存量总值, 其供货率的改进也是很小的.

表 5.3 零备件存量优化

类别	成本 c_j	购置周期 S_j	供货率目标 $b=93\%$		供货率目标 $b=98\%$	
			存量目标 k_j	供货率 q_j	存量目标 k_j	供货率 q_j
1	12 956.00	0.125	0	0.00%	1	88.24%
2	5 182.30	0.250	1	77.88%	2	97.35%
3	1 880.40	0.125	1	88.24%	1	88.24%
4	1 644.80	0.500	2	90.98%	3	98.56%
5	808.52	0.250	2	97.35%	2	97.35%
6	392.08	0.750	4	99.27%	5	99.89%
7	116.84	0.500	4	99.82%	4	99.82%
8	13.92	0.125	3	99.97%	3	99.97%
9	10.44	0.750	6	99.98%	6	99.98%
10	4.35	0.625	6	99.99%	6	99.99%
	平均供货率 q		29	93.67%	33	98.71%
	存量总值 Z			14 136		34 310

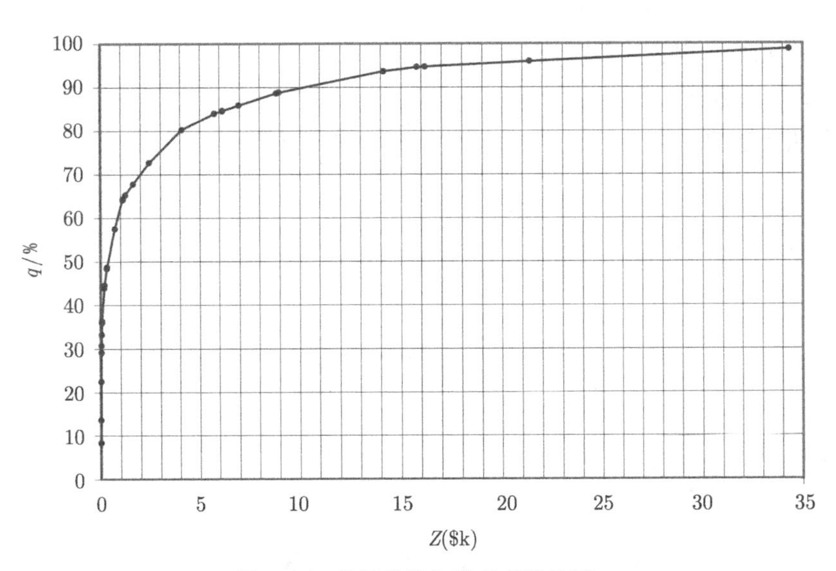

图 5.11 存量总值与供应率的关系

讨论进行到此, 可以提供一实际的案例以呼应 1.2 节最后一段有关“合理而方便的解”的主张. 十几年前, 在美国市场上就有数个用于管理零备件存量的商业软

件 (包括 $i2$, SAP, MCA , Xelus, Manugistics 等). 除去那些无法提供优化解的软件外, 大体可分两类. 第一类用十分繁复的方法 (例如: 需用 7 小时来解决 5000 零件料号的存量优化问题), 第二类用启发式解法 (例如: 数秒时间可以处理数万零件料号). 在需要大量实验的情况下 (以求得如图 5.11 所示的曲线), 或者多个 (不同地区而可以相互支援的) 库存中心在远程电信会议上, 讨论存量时, 第一类的软件就不可能成为适当的工具.

5.10　$M/G/k$ 队列的近似解

虽然分析 $M/G/1$ 和 $M/G/\infty$ 队列都并不十分困难, 但 $M/G/k$ 队列的求解却非易事. 下面将讨论近似解法. 一个简单直接的方法就是: 以 $k=1$ 和 $k=\infty$ 为极点的两个已知解, 来寻求两者中间的近似值. 当随机变化造成服务台 (暂时) 未全部被使用时, 对顾客而言, 系统看起来就好像具有无穷多的服务台一样, 队列的行为近似于 $M/G/\infty$ 队列. 另一方面, 随机性也可能让系统在一时段变得异常繁忙, 此时段里, 所有服务台都被占用, 系统看起来就像一个单一服务台队列, 其服务率为 $k\mu$.

令

$P_i(k) = P[M/G/k$ 队列长度 $= i]$;

$m = E[$被占用的服务台数$] = \lambda/\mu$;

$\rho = \lambda/(k\mu)$.

依照上述的概念, 以 a 和 b 分别代表两个未定系数, 则

$$P_i(k) \approx \begin{cases} aP_i(\infty), & i < k \\ bP_{i-k+1}(1), & i \geqslant k \end{cases}$$

$$1 = \sum_{i=0}^{\infty} P_i(k) \cong \sum_{i=0}^{k-1} aP_i(\infty) + \sum_{i=k}^{\infty} bP_{i-k+1}(1) \tag{5.37}$$

由 (5.34) 以及 $\sum_{i=k}^{\infty} P_{i-k+1}(1) = \rho = \lambda/(k\mu) = m/k$,

$$1 = a\sum_{i=0}^{k-1} \frac{m^i}{i!}e^{-m} + b(1 - P_0(1)) = a\sum_{i=0}^{k-1} \frac{m^i}{i!}e^{-m} + b\rho \tag{5.38}$$

因为 $m = \sum_{i=0}^{k-1} iP_i(k) + \sum_{i=k}^{\infty} kP_i(k)$

$$
\begin{aligned}
m &\cong a\sum_{i=0}^{k-1} i\frac{m^i}{i!}e^{-m} + k\left(b\sum_{i=k}^{\infty} P_{i-k+1}(1)\right) \\
&= a\sum_{i=0}^{k-1} i\frac{m^i}{i!}e^{-m} + k\left[1 - a\sum_{i=0}^{k-1}\frac{m^i}{i!}e^{-m}\right]
\end{aligned}
$$

或者

$$
m-k = a\sum_{i=0}^{k-1}(i-k)\frac{m^i}{i!}e^{-m} \tag{5.39}
$$

利用 (5.38) 和 (5.39) 解出 a 和 b:

$$
a = (k-m)\left[\sum_{i=0}^{k-1}(k-i)\frac{m^i}{i!}e^{-m}\right]^{-1}, \quad b = \left[1 - a\sum_{i=0}^{k-1}\frac{m^i}{i!}e^{-m}\right]\frac{1}{\rho} \tag{5.40}
$$

以 L_1 代表一个到达率为 λ、服务率为 $k\mu$ 的 $M/G/1$ 系统的平均队列长度 (见 (5.11) 式). 那么 $M/G/k$ 的平均队长即为

$$
L = a\sum_{i=1}^{k-1} e^{-m}\frac{m^i}{(i-1)!} + b(L_1 - \rho + m) \tag{5.41}
$$

其中

$$
L_1 = \frac{\lambda E[S]}{k} + \frac{\lambda^2 E[S^2]/k^2}{2\,(1-\lambda E[S]/k)}
$$

简单的代数演绎可得: 平均延误时间

$$
d = \frac{E[S^2]}{2E[S]\,(k-\lambda E[S])}\left[1 + \sum_{i=0}^{k-1}\frac{(\lambda E[S])^i}{i!}\frac{(k-1)!\,(k-\lambda E[S])}{(\lambda E[S])^k}\right]^{-1} \tag{5.42}
$$

用检验 (5.21) 相同的办法, 比较 Hillier 书中所载 $M/E_r/k$ 的结果, (5.42) 与正确解的差异在数个百分点之内 (见表 5.4, 其中 E_r 是指 r-相的埃尔朗分布). 当 $k=1$ 或者 $k\to\infty$ 或者 $G=M$ 时, (5.41)、(5.42) 与正确解相同. 此外, 值得一提的是: (5.42) 最早载于 (Nozaki and Ross, 1978). 此处结论来自于一个完全不同的构思, 却意外地得到相同的结果.

最后, 从 (5.20), (5.34), (5.37), (5.40) 以及 5.7 节可归结出一个 $M/G/k$ 队列长度分布$\{P_i(k),\ i=0,\ 1,\ 2,\ \cdots\}$的计算法:

$M/G/k$ 队列长度分布近似解法

(1) 令 $m=\lambda/\mu$, $\rho=m/k$.

表 5.4　$M/E_r/k$ 平均延误时间比较 (A: 近似解 E: 正确解)

ρ		$M/E_2/2$	$M/E_4/2$	$M/E_6/2$	$M/E_8/2$	$M/E_3/4$	$M/E_4/3$	$M/E_6/2$	$M/E_8/2$	$M/E_{10}/3$
0.1	A	0.0015	0.0013	0.0012	0.0011	0.00026	0.00006	0.000003	0	0
	E	0.0016	0.0014	0.0014	0.0013	0.00031	0.00007	0.000003	0	0
0.3	A	0.0445	0.0371	0.0346	0.0334	0.0188	0.0106	0.0036	0.0011	0.00037
	E	0.0463	0.0398	0.0376	0.0365	0.0210	0.0120	0.0040	0.0013	0.00043
0.5	A	0.2500	0.2083	0.1945	0.1875	0.1480	0.1159	0.0744	0.0443	0.0271
	E	0.2556	0.2168	0.2033	0.1972	0.1582	0.1248	0.0796	0.0481	0.0298
0.7	A	1.0082	0.8406	0.7846	0.7566	0.7180	0.6668	0.5880	0.4736	0.3880
	E	1.0201	0.8574	0.8030	0.7757	0.7420	0.6917	0.6086	0.4941	0.4076
0.9	A	5.7553	4.7961	4.4765	4.3165	4.5960	4.7265	4.9958	4.7353	4.5139
	E	5.7732	4.8226	4.5053	4.3466	4.6384	4.7750	5.0440	4.79015	4.5761
0.95	A	13.1904	10.9919	10.2592	9.8928	10.7707	11.2913	12.3346	12.0294	11.7646
	E	13.2101	11.0211	10.2911	9.9259	10.8183	11.3467	12.3913	12.0972	11.8415
0.99	A	73.1281	60.9484	56.8852	54.8536	60.7098	64.5417	72.2025	71.8594	71.5545
	E	73.1593	60.9797	56.9194	54.8891	60.7616	64.6028	72.2663	71.9372	71.6473

(2) 服务时间为指数变数 (M)、常数 (D) 和超指数变数 (H) 时, P[队列长度 = i] 分别为

$$P_i^M = (1-\rho)\rho^i, \quad i = 0, 1, \cdots$$

$$P_i^D = (1-\rho)\sum_{i=0}^{i}(-1)^{i-j}\frac{(j\rho)^{i-j-1}(j\rho+i-j)}{(i-j)!}e^{j\rho}, \quad i = 0, 1, \cdots$$

P_i^H : 用 5.6 节的 $M/H/1$ 队长分布计算法求得

$$P_i(\infty) = e^{-m}\frac{m^i}{i!}, \quad i = 0, 1, \cdots (m = \lambda/\mu)$$

$$P_i(1) \approx \begin{cases} (CV^2)P_i^M + (1-CV^2)P_i^D, & i = 0, 1, \cdots, \quad CV \leqslant 1 \\ P_i^H, & i = 0, 1, \cdots, \quad CV > 1 \end{cases}$$

其中 CV 是服务时间的变易系数.

(3)

$$a = (k-m)\left[\sum_{i=0}^{k-1}(k-i)\frac{m^i}{i!}e^{-m}\right]^{-1}$$

$$b = \left[1 - a\sum_{i=0}^{k-1}\frac{m^i}{i!}e^{-m}\right]\frac{1}{\rho}, \quad \rho = \lambda/(k\mu) = m/k$$

(4)

$$P_i(k) \approx \begin{cases} aP_i(\infty), & i < k \\ bP_{i-k+1}(1), & i \geqslant k \end{cases}$$

为了测试近似解的有效性, 选取了四个不同的分布, 其中两个 $CV < 1$, 两个 $CV > 1$:

- 超几何分布 (hyper-exponential):

$$F(x) = 1 - \alpha e^{\mu_1} - (1-\alpha)e^{\mu_2}, \quad 0 < \alpha < 1, \mu_1, \mu_2 > 0, x \geqslant 0$$

- 韦布尔分布 (Weibull):

$$F(x) = 1 - e^{-(x/\beta)^\alpha}, \quad \alpha, \beta > 0, x \geqslant 0$$

$$m = \beta\Gamma\left(1 + \frac{1}{\alpha}\right) \sigma^2 = \beta^2 \quad (\Gamma \text{ 是伽马函数, Gamma function})$$

- 均匀分布 (uniform):

$$f(x) = \frac{1}{b-a}, \quad a < x < b$$

$$m = \frac{b+a}{2} \sigma^2 = \frac{(b-a)^2}{12} CV = \frac{(b-a)}{\sqrt{3}(a+b)} < \frac{1}{\sqrt{3}}$$

- 正态分布 (normal):

$$f(x) = \frac{1}{\sigma\sqrt{2\pi}} e^{-\frac{1}{2}\left[\frac{x-m}{\sigma}\right]^2}, \quad -\infty < m < \infty, \sigma > 0, -\infty < x < \infty$$

因为 x 不得为负值, 故令 $4\sigma < m$. 因此 $CV = \sigma/m < 0.25$.

以 $M/H/k$, $M/W/k$, $M/U/k$ 和 $M/N/k$ 分别表示它们相应的服务系统. 在 $\rho = 0.7$ 和 0.95 的条件下, 这四个分布各有两组参数:

(1) 超几何分布

$$\alpha = 0.5, \mu_1 = 10, \mu_2 = 1, \text{均值} = 0.55, CV = 1.53, \rho = 0.70, \lambda = 1.36$$

(2) 超几何分布

$$\alpha = 0.5, \mu_1 = 10, \mu_2 = 1, \text{均值} = 0.55, CV = 1.53, \rho = 0.95, \lambda = 1.73$$

(3) 韦布分布

$$\alpha = 0.5, \beta = 1, \text{均值} = 2, CV = (5)^{0.5} = 2.237, \rho = 0.70, \lambda = 0.35$$

(4) 韦布分布

$$\alpha = 0.5, \beta = 1, \text{均值} = 2, CV = (5)^{0.5} = 2.237, \rho = 0.95, \lambda = 0.475$$

(5) 均匀分布

$$a = 0, b = 4, \text{均值} = 2, CV = 1/(3)^{0.5} = 0.577, \rho = 0.70, \lambda = 0.35$$

(6) 均匀分布

$$a = 0, b = 4, \text{均值} = 2, CV = 1/(3)^{0.5} = 0.577, \rho = 0.95, \lambda = 0.475$$

(7) 正态分布

$$m = 2, \sigma = 0.5, \text{均值} = 2, CV = 0.25, \rho = 0.70, \lambda = 0.35$$

(8) 正态分布

$$m = 2, \sigma = 0.5, \text{均值} = 2, CV = 0.25, \rho = 0.95, \lambda = 0.475$$

每组参数界定了泊松到达率与服务时间的分布. 检测系统的服务台数定为 $k = 1, 3$ 和 10 (总共 $8 \times 3 = 24$ 例). 由于无法得知正确解, 图 5.12 ~ 图 5.19 中各例是近似解 (pro) 与仿真 (可参考附录 I) 结果 (sim) 的比较. 虽然队列长度是离散分布, 传统上是以成直图表示, 但是为了方便观察比较, 各图均以点 (近似解) 与曲线 (仿真解) 描述分布状态.

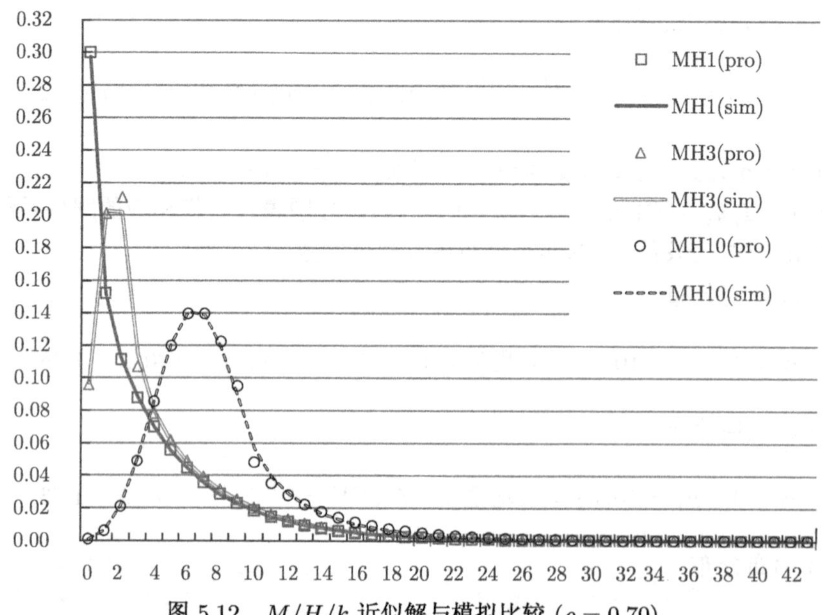

图 5.12　$M/H/k$ 近似解与模拟比较 ($\rho = 0.70$)

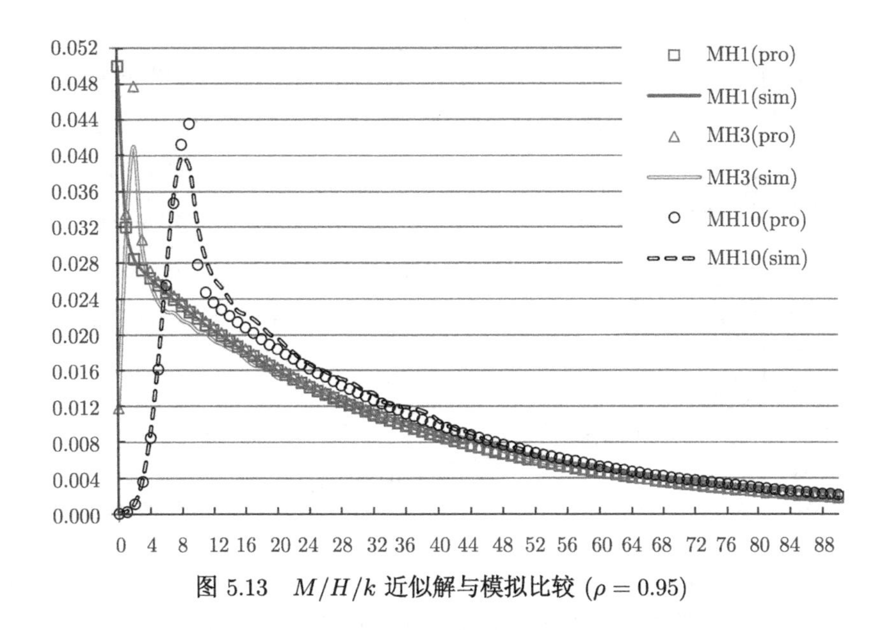

图 5.13 $M/H/k$ 近似解与模拟比较 ($\rho = 0.95$)

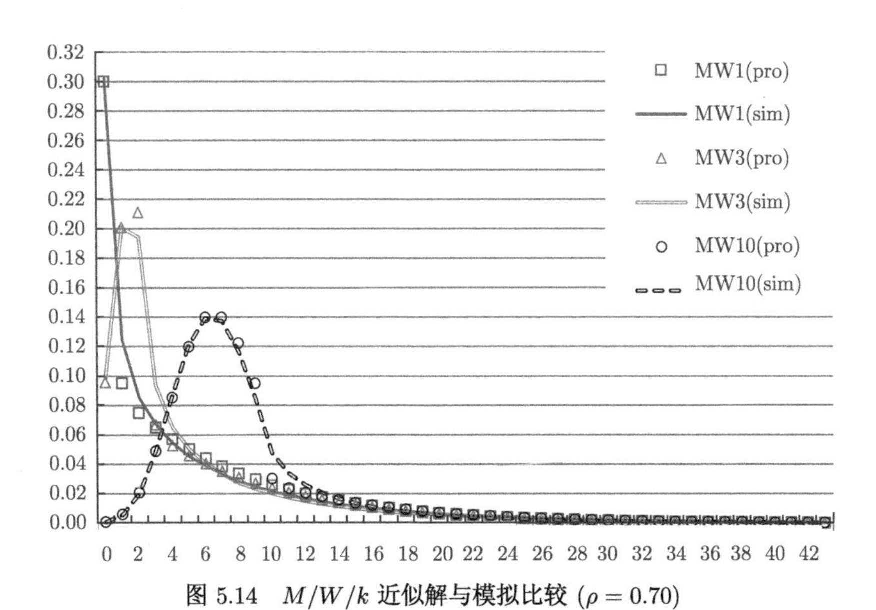

图 5.14 $M/W/k$ 近似解与模拟比较 ($\rho = 0.70$)

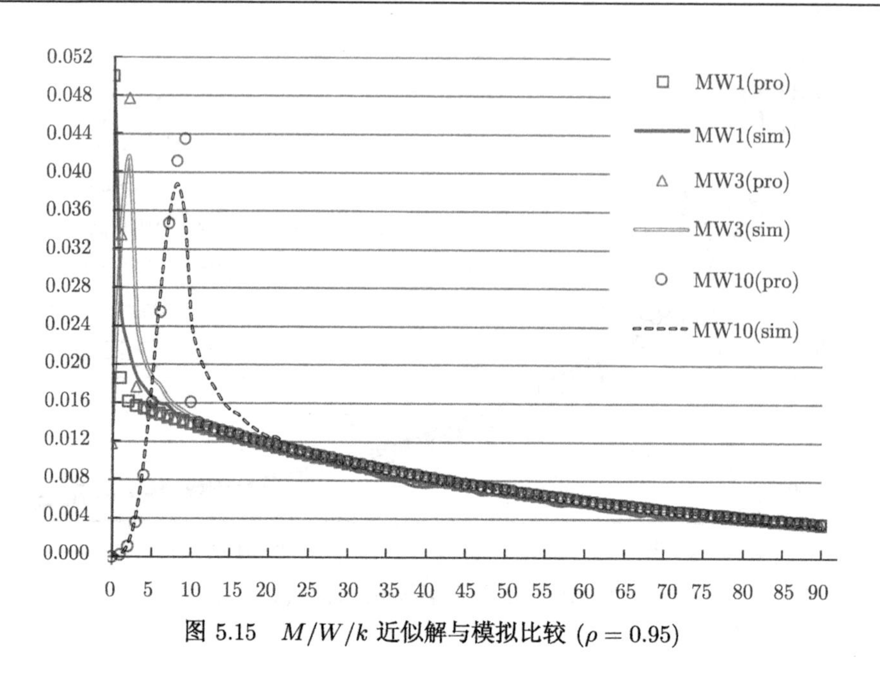

图 5.15　$M/W/k$ 近似解与模拟比较 ($\rho = 0.95$)

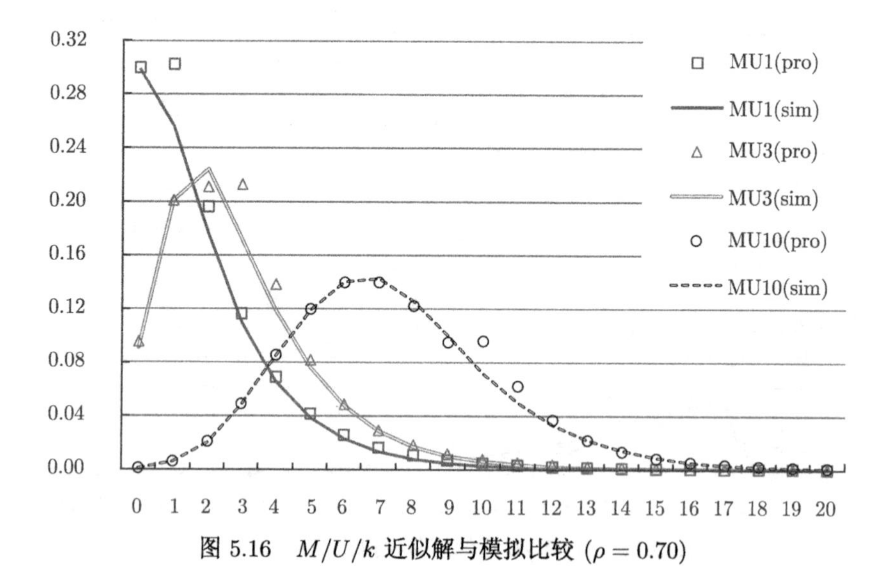

图 5.16　$M/U/k$ 近似解与模拟比较 ($\rho = 0.70$)

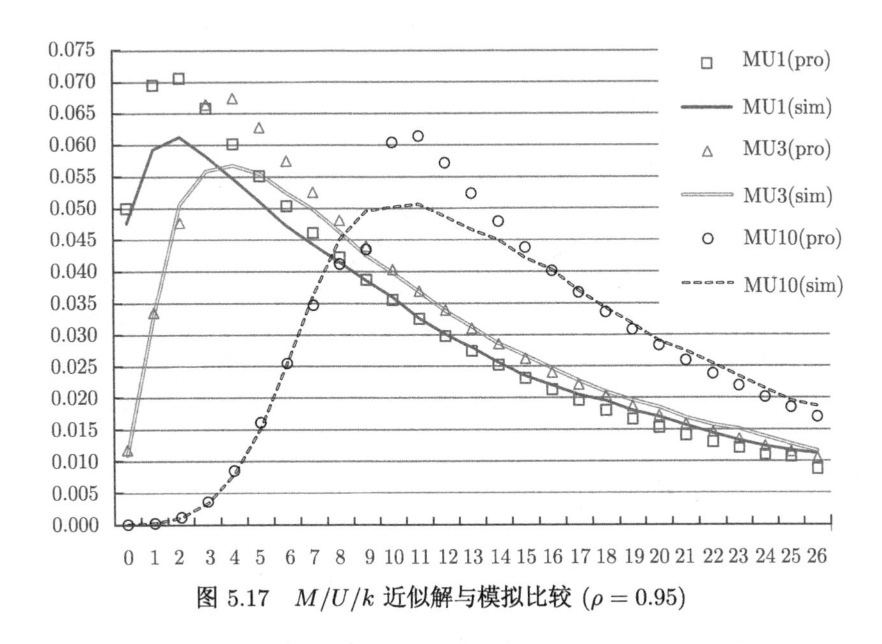

图 5.17 $M/U/k$ 近似解与模拟比较 ($\rho = 0.95$)

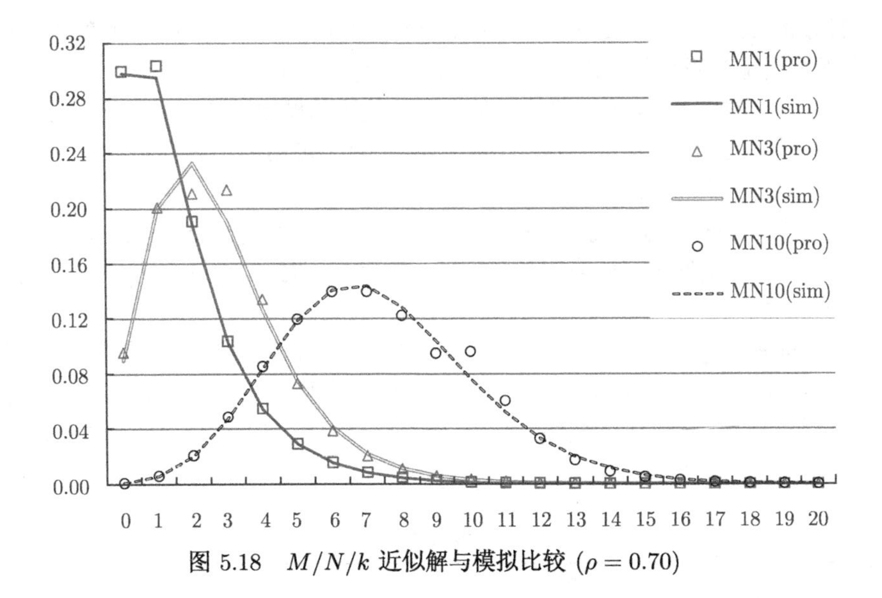

图 5.18 $M/N/k$ 近似解与模拟比较 ($\rho = 0.70$)

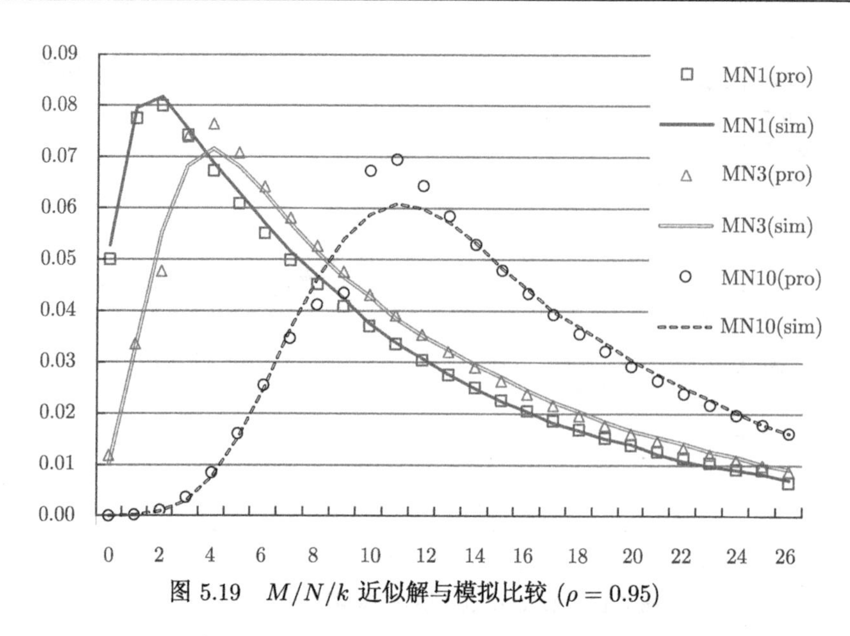

图 5.19 $M/N/k$ 近似解与模拟比较 ($\rho = 0.95$)

显而易见, 因为近似解是由两个分布在队长为 k 之处衔接起来的, 可以预料在 k 附近误差也会较大. 但是大体来说近似解的分布曲线的形状与众数组 (mode, 即队列长度中概率最大者) 与实际相差不远. 下面介绍两个见之于实际运作的案例来结束本章.

例 5.2 (紧急救护救援系统) 在设计紧急救护救援系统 (如救护车与消防车) 时, 由于对系统有极高的可用率 (availability) 的要求 (此处的可用率可以解释为: 需求发生时, 至少有一个原先闲置的服务台可被使用的概率), 所以服务台必须保持在一个低使用率的水平 (譬如 0.05, 此水平等于 0.95 可用率), 因而在大多数情况下, 系统行为接近一个 $M/G/\infty$ 队列.

假设某一个区域的居民对救护车的需求率为每 4 小时一次 ($= 0.25$ 次/时). 每次发车再返回所需时间 (S 为服务时间) 平均为两小时 ($\mu = 0.5$ 次/时), 变易系数 $CV[S] = 0.45$.

解此问题可考虑 $M/G/\infty$ 队列模型或者 $M/G/k$ 队列模型. 前者是一个近似模型, 而且仅需知道 λ 和 μ 的值; 后者更接近真实状况, 但只能提供近似解, 同时还要有 CV (或者 $E[S^2]$) 的资料. 以 P_i 代表{队长 $= i$}的概率, 利用前面讨论的方法可算出如表 5.5 所示的结果.

表 5.5

$M/G/k$ 模型				$M/G/\infty$ 模型	
i	$P_i(k=1)$	$P_i(k=2)$	$P_i(k=3)$	i	P_i
0	0.5000	0.6000	0.6061	0	0.6065
1	0.3093	0.3000	0.3030	1	0.3032

续表

$M/G/k$ 模型				$M/G/\infty$ 模型	
i	$P_i(k=1)$	$P_i(k=2)$	$P_i(k=3)$	i	P_i
2	0.1231	0.0831	0.0758	2	0.0758
3	0.0428	0.0142	0.0135	3	0.0126
4	0.0150	0.0022	0.0015	4	0.0016
5	0.0056	0.0004	0.0001	5	0.0002

比较两种模型可看出 $M/G/3$ 队列与 $M/G/\infty$ 队列的行为相似. 如果可用率要求在 0.95 水平, 不论用哪一模型, 都至少需要三辆救护车.

保持可用率在 0.95 水平时, 改变 λ/μ 的比值, 则所需的最少车辆数 n 与使用率 $\rho=\lambda/(n\mu)$ 的关系可用数据描述于图 5.20. □

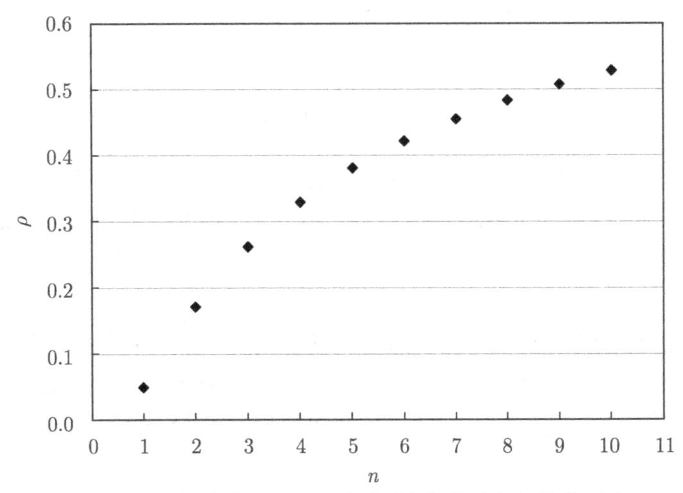

图 5.20 可用率在 0.95 水平时, 最少所需车辆的使用率

例 5.3 (设备维修系统) 图 2.11 提及的半导体设备修理时间为一超指数变数, 其均值 $E[S]=6.4$ 小时, $CV[S]=1.14$. 概率密度分布:

$$f(t)=0.13(0.066e^{-0.066t})+0.87(0.198e^{-0.198t}),\quad t>0$$

当许多设备同时运作时, 待修需求的发生就接近一个泊松过程. 假定发生率 $\lambda=0.75$ 次/小时, 应当雇用多少维修人员 $(=k)$ 的问题, 可以利用 $M/H/k$ 队列模型的近似解求得队长分布 (图 5.21) 以及与系统绩效有关的期望值.

表 5.6

k	ρ	d	W	L
5	0.96	33.17	39.57	29.68
6	0.80	3.17	9.57	7.18
7	0.69	0.93	7.33	5.50

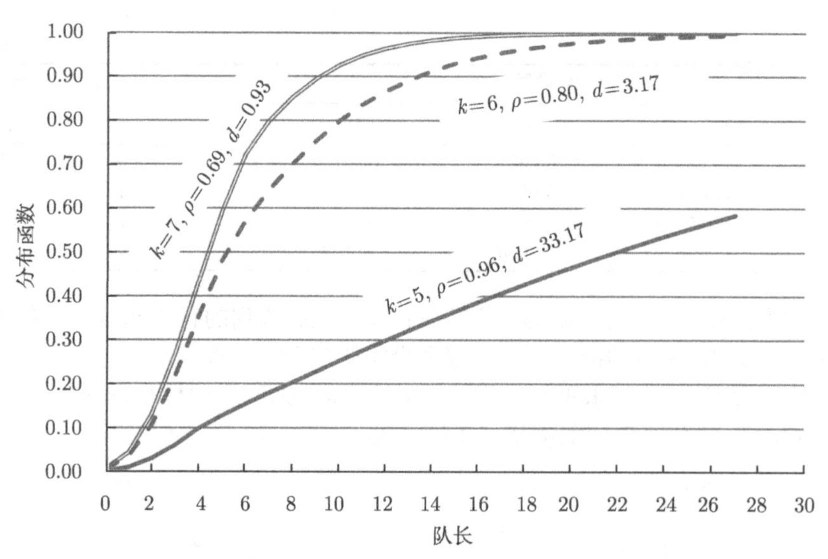

图 5.21　不同维修人数时队长的 (累积) 概率分布函数

从表 5.6 的数据可看出, 雇用 5 维修人员时 ($k = 5$), 他们的使用率 $\rho = \lambda/k\mu$ 已经接近于 1 了, 因此 k 值必不得小于 5. 由于 $k = 5$ 时, 平均待修的延误长达 33 小时, 而平均等候待修设备也高达 $25(\approx 29.68 - 0.96 \times 5)$ 左右, 因此还需考虑 $k = 6$ 或 7 的情况.

一般来说, 无论 $k = 6$ 或 $k = 7$ 都是可以接受的人数. 从雇主观点来说, 前者的人事费较低, 而且人员使用率 ($\rho = 0.8$) 也比较理想, 但是有超过 40%的机会 (P[队长 $\geqslant 6$]), 维修的需求会有延误. 在后者, 此等机会可降至 20%左右. 二者的选择互有利弊. □

第 6 章　服务系统中的优先权

在平常的状况下, 系统对顾客提供服务的方式, 总以先到为先. 然而人们的生活中钜细事务总有轻重缓急, 对提供服务的先后顺序也因此而改变. 举凡成本效益、系统绩效、大众利益、生命财产等都是考虑的因素. 譬如

- 公路上行驶车辆应让道给执行紧急事务的救护车, 消防车与警车
- 医院急诊室会先看护生命危险的伤病患
- 飞机的头等舱的乘客优先登机
- 产线先做重要客户的产品
- 港口码头让出价高的船只先用
- 计算机的中央处理器先处理较短的工作

优先队列又可细分为数种不同的排队规则:

(1) 非强占 (抢占) 优先 (non-preemptive priority)—— 服务台完成服务而空出来时, 由优先顺序高者先占用. 但是优先顺序低者正在占用服务台时, 其他顾客必须等候服务完成. 在同一优先 (顺序) 组内, 顾客仍按先到先占的排队规则.

(2) 强占 (抢占) 优先 (preemptive priority)—— 优先顺序高者可强行抢占顺序低者正在使用的服务台. 被强占者等到所有高优先权者离去后, 再行使用服务台. 这时其服务时间就是上次被强占时剩余的服务时间 (另一种情况则是服务必须重新开始, 服务时间可以和从前一样, 也可以不同. 譬如: 多个产品一起接受测试, 如测试不久, 其中之一有问题, 那么操作员可选择更换不良产品, 此时测试必须从头开始. 由于这种情况较为少见, 本书就不予讨论).

(3) 循环占用/共同占用/反馈占用 ——1.7 节曾经介绍过这些规则, 主要的理由乃是在不知道服务时间长短时, 设法让短者尽早完成服务, 以提升系统整体绩效. 本章将分析每次占用时间 $\Delta \to 0$ 为极限时的系统行为.

下面的讨论将限于单一服务台系统, 依然假设泊松到达过程.

6.1　非强占优先与优定权的设定

设顾客可分 k 类, 各类泊松到达过程互为独立, 以符号的下标表示类别, 如 i-类到达率为 λ_i, 服务率 μ_i. 服务台看到的整体到达率, 平均服务时间与服务台被占用

的概率 (或称使用率) 分别为

$$
\begin{aligned}
\lambda &= \sum_{i=1}^{k} \lambda_i \\
E[S] &= \sum_{i=1}^{k} \frac{\lambda_i}{\lambda} E[S_i] = \sum_{i=1}^{\infty} \frac{\lambda_i}{\mu_i} \frac{1}{\lambda} \\
\rho &= \lambda E[S] = \sum_{i=1}^{k} \frac{\lambda_i}{\mu_i} = \sum_{i=1}^{k} \rho_i
\end{aligned} \tag{6.1}
$$

上式中 λ_i/λ 可解读为: 当一顾客来到, 该顾客属于 i-类的概率.

因为除去正接受服务者之外, 第一类顾客无需等候其他类顾客, 由泊松到达流的 PASTA 特性可知 (5.2 节与 5.3 节): 对一个 1-类到达者, 其经历的延误时间等于它的虚延迟 V_1, 其中包括 (i) 队列中所有正在等候使用服务台的 1-类顾客的服务时间, 以及 (ii) 正在接受服务者 (可为任类别的顾客) 的剩余服务间, 它的均值为 (见 (5.8))

$$
d_1 = E[V_1] = Q_1 E[S_1] + \rho \frac{E[S^2]}{2E[S]} = \lambda_1 d_1 E[S_1] + \rho \frac{E[S^2]}{2E[S]}
$$

所以

$$
d_1 = \frac{\rho E[S^2]}{2E[S]\,(1-\rho_1)} = \frac{\lambda E[S^2]}{2\,(1-\rho_1)} \tag{6.2}
$$

对一个 2-类顾客来说, 虚延迟 V_2 除包括上述 (i) 和 (ii) 两项外, 还需加上队列中所有正在等候使用服务台的 2-类顾客的服务时间:

$$
\begin{aligned}
E[V_2] &= Q_1 E[S_1] + Q_2 E[S_2] + \rho \frac{E[S^2]}{2E[S]} \\
&= \lambda_1 d_1 E[S_1] + \lambda_2 d_2 E[S_2] + \rho \frac{E[S^2]}{2E[S]} \\
&= \rho_1 d_1 + \rho_2 d_2 + \rho \frac{E[S^2]}{2E[S]}
\end{aligned}
$$

然而, 这并非该 2-类到达者的平均延误时间. 在他等候服务期间所有来到的 1-类顾客都排在他之前. 因此之故, 2-类延误时间可以利用“服务系统的第一次服务时间异常的繁忙期”(5.7 节) 的概念来求解, 如图 6.1 所示, 这个系统的繁忙期以 V_2 为第一次服务时间, 且仅仅对 1-类顾客提供服务.

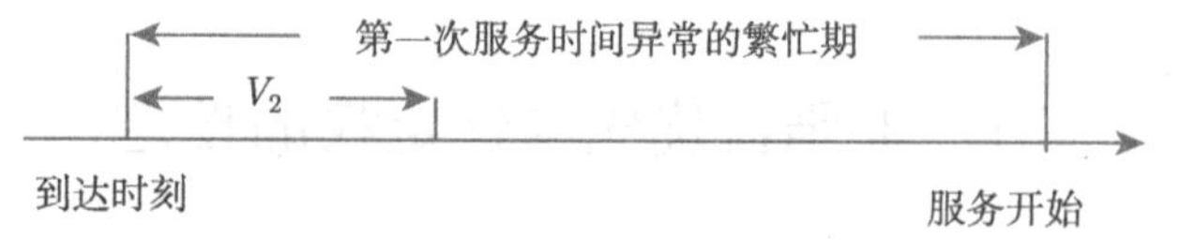

图 6.1　第二类顾客的延误时间

由 (5.33),

$$d_2 = \frac{E[V_2]}{1-\rho_1} = \frac{\rho_1 d_1 + \rho_2 d_2 + \dfrac{\lambda E[S^2]}{2}}{1-\rho_1}$$

整理后解出 d_2:

$$d_2 = \frac{\lambda E[S^2]}{2(1-\rho_1)(1-\rho_1-\rho_2)}$$

重复这样的步骤, 由归纳法可得一般式为

$$d_j = \frac{\lambda E[S^2]}{2\left(1-\sum\limits_{i<j}\rho_i\right)\left(1-\sum\limits_{i\leqslant j}\rho_i\right)}, \quad i=1,2,\cdots,k \tag{6.3}$$

依此结果就可以进一步解决优先权设定的问题. 假定有 n 个不同优先类别, 以 c_j 代表 j-类顾客单位延误成本. 在设定优先顺序以求最小平均延误成本时, 目标函数定为

$$\text{Minimize} \quad z = \sum_{j=1}^{n} c_j \frac{\lambda_j}{\lambda} d_j \tag{6.4}$$

解此问题时可比较两种状况: (i) 假设由高到低的优先顺序为 1,2, $\cdots, n$, 以及 (ii) 在同一优先顺序的情况下, 合并 j- 类与 (j+1)- 类. 因为合并后, 此二类的优先顺序相同, 他们的平均延误时间为

$$d_{j\ j+1} = \frac{\lambda E[S^2]}{2\left(1-\sum\limits_{i<j}\rho_i\right)\left(1-\sum\limits_{i\leqslant j+1}\rho_i\right)} \tag{6.5}$$

在 (i) 与 (ii) 两种状况下, 对比两个目标函数的差别项, 并写作 (i)vs.(ii):

$$\frac{\lambda_j c_j}{\lambda} d_j + \frac{\lambda_{j+1} c_{j+1}}{\lambda} d_{j+1} \quad \text{vs.} \quad \frac{(\lambda_j c_j + \lambda_{j+1} c_{j+1})}{\lambda} d_{j\ j+1} \tag{6.6}$$

代入 (6.3) 和 (6.5),

$$\frac{\lambda_j c_j E[S^2]}{2\left(1-\sum\limits_{i<j}\rho_i\right)\left(1-\sum\limits_{i\leqslant j}\rho_i\right)} + \frac{\lambda_{j+1} c_{j+1} E[S^2]}{2\left(1-\sum\limits_{i<j+1}\rho_i\right)\left(1-\sum\limits_{i\leqslant j+1}\rho_i\right)} \quad \text{vs.}$$

$$\frac{(\lambda_j c_j + \lambda_{j+1} c_{j+1})\, E[S^2]}{2\left(1-\sum\limits_{i<j}\rho_i\right)\left(1-\sum\limits_{i\leqslant j+1}\rho_i\right)}$$

通分后, 消去二者的共同项,

$$\frac{\lambda_j c_j \left(1-\sum\limits_{i\leqslant j+1}\rho_i\right)+\lambda_{j+1}c_{j+1}\left(1-\sum\limits_{i\leqslant j-1}\rho_i\right)}{\left(1-\sum\limits_{i\leqslant j-1}\rho_i\right)\left(1-\sum\limits_{i\leqslant j}\rho_i\right)\left(1-\sum\limits_{i\leqslant j+1}\rho_i\right)} \quad \text{vs.}$$

$$\frac{(\lambda_j c_j+\lambda_{j+1}c_{j+1})\left(1-\sum\limits_{i\leqslant j}\rho_i\right)}{\left(1-\sum\limits_{i\leqslant j-1}\rho_i\right)\left(1-\sum\limits_{i\leqslant j}\rho_i\right)\left(1-\sum\limits_{i\leqslant j+1}\rho_i\right)}$$

$$\lambda_j c_j \left(1-\sum_{i\leqslant j+1}\rho_i\right)+\lambda_{j+1}c_{j+1}\left(1\sum_{i\leqslant j-1}\rho_i\right) \quad \text{vs.}$$

$$(\lambda_j c_j+c_{j+1}\lambda_{j+1})\left(1-\sum_{i\leqslant j}\rho_i\right)$$

$$-\lambda_j c_j\frac{\lambda_{j+1}}{\mu_{j+1}} \quad \text{vs.} \quad -\lambda_{j+1}c_{j+1}\frac{\lambda_j}{\mu_j}$$

最后简化为

$$\text{(i)} - c_j\mu_j \quad \text{vs.} \quad \text{(ii)} - c_{j+1}\mu_{j+1}$$

由此而知 $c\mu$ 值大者较佳 ((6.4) 目标函数值较小). 这就是说: $c\mu$ 值大者应给予高优先权. 简称“$c\mu$-法则”. 倘若各类 c 值相同, 则服务率 μ 大者 ($E[S]$ 小者) 优先. 验证了 1.7 节提及的短者先占的主张.

6.2 强占优先

在强占优先的排队规则下, 有高优先权者可以无视于低优先类的存在. 对 1-类顾客 (最高优先者) 而言, 它们是服务系统上“唯一”的顾客类, 故其平均延误时间为

$$d_1=\frac{\lambda_1 E[S_1^2]}{2(1-\rho_1)} \tag{6.7}$$

对 2-类顾客而言, 有两种延误: (i) 抵达系统后, 等候第一次轮到服务之前的延误, (ii) 接受服后, 被强占而引起的延误. 令

R_2 为第一次延误时间;

V_2 为一个 2-类顾客 (姑且称为顾客 C_2) 到达时, 系统上 1- 类与 2-类的工作总量

$$S_{12}=\begin{cases} S_1, & \text{概率}=\lambda_1/(\lambda_1+\lambda_2) \\ S_2, & \text{概率}=\lambda_2/(\lambda_1+\lambda_2) \end{cases}$$

这里的 V_2 实际上等于由 1-类与 2-类混合在一起的 $M/G/1$ 队列顾客所产生的虚延迟 (提示: 虚延迟代表工作量, 而与排队规则无关). 以 $(\lambda_1+\lambda_2)$ 为到达率, S_{12} 为服务时间, $(\rho_1+\rho_2)$ 为使用率. 由于这个虚拟队列仍保有平均延误时间 d_{12}, 与平均虚延迟相同的特点:

$$E[V_2]=d_{12}=\frac{(\lambda_1+\lambda_2)\,E[S_{12}^2]}{2\,(1-\rho_1-\rho_2)}$$

由于在 V_2 时段里, 尚可能有 1-类顾客来到, 第一次延误时间等于以 V_2 为第一个异常服务时间, 且只有 1-类顾客而产生的繁忙期, 所以由 (5.33) 可知

$$E[R_2]=\frac{E[V_2]}{(1-\rho_1)}=\frac{(\lambda_1+\lambda_2)E[S_{12}^2]}{2(1-\rho_1)(1-\rho_1-\rho_2)} \tag{6.8}$$

在经过 R_2 时间后, 顾客 C_2 开始接受服务. 由于 1-类顾客有强占权, 若在 R_2 期间有一个 1-类顾客来到, 那么顾客 C_2 就必须放弃服务台, 再等过一个仅仅以 1-类顾客为唯一考量的繁忙期. 若有 N_1 第一类顾客在 R_2 期间来到, 那么因被强占而引起的平均延误就是 N_1 个这样的 1-类顾客繁忙期之和, 由 (5.3) 可得

$$E[\overline{R}_2]=\frac{E[N_1]}{\mu_1-\lambda_1}=\frac{\lambda_1 E[S_2]}{\mu_1-\lambda_1}=\frac{\rho_1 E[S_2]}{(1-\rho_1)} \tag{6.9}$$

那么 2-类顾客总计的平均延误时间:$E[R_2]+E[\overline{R}_2]$.

其他各类顾客的平均延误时间可依同理解出. 为了演算方便, 在考虑 $(j+1)$-类时, 可把 1,2, $\cdots$, j-类合并为一类. 合并后的到达过程为 j 个泊松过程的叠合过程, 其到达率、服务时间以及使用率计算方式与 (6.1) 相同.

6.3 共同占用

为了避免因为一个过久的服务严重地耽误后来者, 应该让服务时间短的能够先行完成, 以降低队列的拥挤. 在无法预知服务时间的长短时, 可以考虑循环占用的排列规则. 如图 6.2 所示, 顾客在接受服务时, 每次不得超过 Δ 时间, 如到时未能完成, 就必须中断服务, 并重新回去排队等候下轮服务.

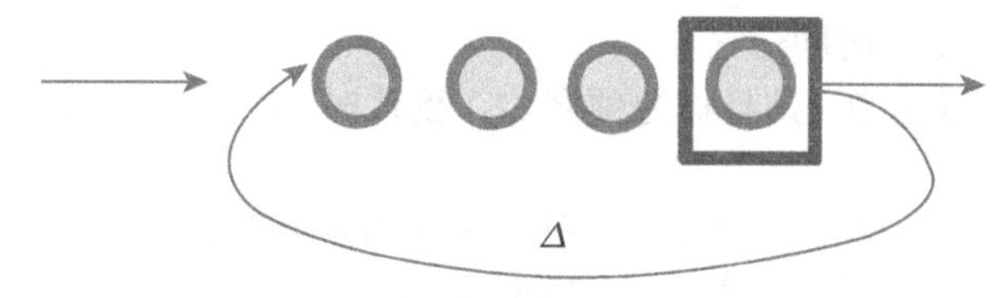

图 6.2　循环占用

在 1.7 节里曾提到: 当 $\Delta \to 0$ 时, 循环占用就变成共同占用. 后者可当成前者的近似解. 当一顾客 (称为 C) 刚接受了 t 单位时间的服务的那一个时刻, 系统队列包括三部分: (i) 顾客 C 本身, (ii) 在 C 之前到达而尚未离去者 (均值 L_1), (iii) 在 C 之后到达而尚未离去者 (均值 L_2). 所以此刻平均队长 $L= 1+L_1 + L_2$.

令

$W(t)$ 为 C 从到达时刻起算, 直至累计接受了 t 时间的服务为止, 总共花费在系统的时间;

$L(u)$ 为在系统上已接受的累计服务时间 $\leqslant u$ 的顾客平均数目;

$G(s)$ 为服务时间的分布函数.

在 C 到达的时候, 系统上已接受 u 单位服务时间的平均个数 $dL(u) = L(u + du) - L(u)$. 而在 C 接受 t 服务量后, 这些顾客中仍未离去的均值就减为 $dL(u) \times P[S > t + u|S > u]$. 顾客服务时间大于 u 的到达率为 $\lambda P[S > u]$. 由 $L = \lambda W$ 可知 $dL(u) = \lambda P[S > u]dW(u)$. 所以

$$\begin{aligned}
L_1 &= \int_0^\infty P[S > t + u|S > u]dL(u) \\
&= \int_0^\infty P[S > t + u|S > u]P[S > u]\lambda dW(u) \\
&= \int_0^\infty P[S > t + u]\lambda dW(u) \\
&=\lambda \int_0^\infty [1 - G(t + u)]dW(u) \qquad (6.10)
\end{aligned}$$

顾客 C 所得到的服务量由 x 增至 $x + dx$ 的时间里, 平均来到的顾客数 $\lambda dW(x)$. 而服务量由 x 增至 t(增加量 $=t - x$) 的时段里, 这些顾客仍旧留在系统的概率为 $P[S > t - x] = 1 - G(t - x)$. 因此

$$L_2 = \int_0^t [1 - G(t - x)]\, \lambda dW(x) \qquad (6.11)$$

三项加在一起

$$L = 1 + L_1 + L_2 = 1 + \lambda \int_0^\infty [1 + G(t+u)]dW(u) + \lambda \int_0^t [1 - G(t-x)]dW(x) \quad (6.12)$$

由于所有顾客共同占用服务台 (平均分享提供的服务), C 因获得 dt 服务量而平均等待时间增加 $dW(t)$ 的同时, 其他顾客的服务量也增加 dt. 所以 $dW(t) = Ldt = (1 + L_1 + L_2)dt$. 这个式子改写为

$$\begin{aligned} W'(t) =& 1 + \lambda \int_0^\infty [1 - G(t+u)]\, dW(u) + \lambda \int_0^t [1 - G(t-x)]dW(x) \\ =& 1 + \lambda \int_t^\infty [1 - G(y)]\, W'(y-t)dy + \lambda \int_0^t [1 - G(y)]W'(t-y)dy \end{aligned} \quad (6.13)$$

假设 $W'(t) = \alpha$(常数). 上式变成

$$\alpha = 1 + \lambda \int_0^\infty [1 - G(y)]\alpha dy = 1 + \lambda E[S]\alpha$$

$$W'(x) = \alpha = \frac{1}{1-\rho} \quad 由于 \quad W(0) = 0$$

$$\Rightarrow W(t) = \frac{t}{1-\rho} = E[W|S=t] \quad (6.14)$$

去除 $\{S = t\}$ 的条件,

$$W = E[E[W|S]] = \frac{1/\mu}{1-\rho} = \frac{1}{\mu - \lambda} \quad (与M/M/1同) \quad (6.15)$$

6.4 反馈占用

虽然共同占用 (循环占用) 的规则让所有顾客同时使用服务台, 因而提供给后到而服务时间短者有先做完的机会, 但是并不严格区分每个顾客服务时间的长短. 反馈占用企图改正这个缺失, 而严格按已接受服务量的多寡来划分优先顺序. 凡接受了 $j\Delta$ 服务量者就依非强占优先规则分到 $(j+1)$-类 (图 6.3).

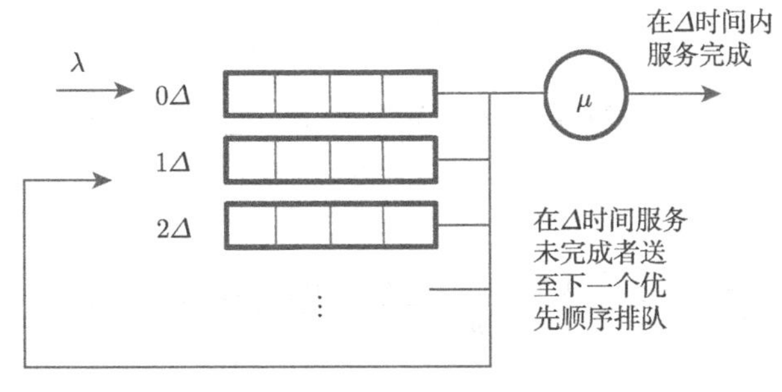

图 6.3 反馈占用

如果 $\Delta \to \infty$, 反馈占用与共同占用一样, 都蜕变成先到先占. 另一方面, 当 $\Delta \to 0$ 时, 新到的顾客即刻单独享有服务台, 直到它与所有顾客获取完全相同的服务量为止. 到此刻所有顾客就会共占服务台. 服务完成者离开系统, 新来者则又会强占服务. 本节就讨论在 $\Delta \to 0$ 条件下平均等待时间的解法.

当顾客 C 接受的服务量从 $t(>0)$ 增至 $t+dt$ 时, 所有系统上的顾客都一定已经接受了等量的服务 t. 以 $W(t)$ 代表顾客为获得 t 服务量而在服务系统上平均花去的时间. 同上一节相似, 平均队长由三部分组成:

(i) 顾客 C 本身 (已受了 t 的单位时间的服务量).

(ii) 在 C 之前到达而仍在系统者——这些个体的到达率为 $\lambda P[S > t] = \lambda[1 - G(t)]$. 由 $L=\lambda W$ 可知: $L_1= \lambda[1-G(t)]\, W(t)$

(iii) 在 C 之后到达而仍在系统者——此时 C 已接受的服务量为 t, 在泊松到达过程的假设下, 在 C 化去的时间 (以 $W(t)$ 为均值) 里到达的平均数为 $\lambda W(t)$. 他们之中仍留在系统的概率是 $1 - G(t)$. 所以 $L_2=\lambda\, [1-G(t)]\, W(t)$.

三者相加

$$L = 1 + L_1 + L_2 = 1 + 2\lambda[1 - G(t)]W(t). \tag{6.16}$$

在这些顾客接受的服务量由 t 增至 $t + dt$ 时段里, 新到的顾客所接受的服务量 S_t 以 t 为其上限. 服务时间小于 t 者, 在此时段开始之前已经离去. 所以 S_t 的均值:

$$\begin{aligned}
E[S_t] &= tP[S > t] + \left\{\int_0^t x dP[S \leqslant x|S \leqslant t]\right\} P[S \leqslant t] \\
&= t[1 - G(t)] + \left\{\int_0^t x \frac{dG(x)}{G(t)}\right\} G(t) \\
&= \int_0^t dy \int_t^\infty dG(x) + \int_0^t \int_0^x dy dG(x) \\
&= \int_0^t \int_t^\infty dG(x)dy + \int_0^t \int_y^t dG(x)dy
\end{aligned} \tag{6.17}$$

故

$$E[S_t] = \int_0^t [1 - G(y)]dy$$

服务量提升 dt 而造成等待时间的增加量 $dW(t)$ 可视为第一次服务异常的繁忙期, 其中第一次服务时间为 $(1 + L_1 + L_2)dt$, 其后 (第一次服务时间里新到者) 的服务时间为 S_t. 按照 (5.33) 得出

$$dW(t) = \frac{(L_1 + L_2 + 1)dt}{1 - \rho(t)}, \quad 其中\rho(t) = \lambda E[S_t]$$

以 (6.16) 代入上式

$$W'(t) = \frac{1 + 2\lambda[1 - G(t)]W(t)}{1 - \rho(t)} \tag{6.18}$$

利用 $W(0)=0$ 的边界条件, 可求得 (6.18) 的解为

$$W(t)=\frac{t}{1-\rho(t)}+\frac{\lambda\displaystyle\int_0^t y[1-G(y)]dy}{[1-\rho(t)]^2} \tag{6.19}$$

读者可以把上式代入 (6.18) 以验证 (6.19) 的解.

图 6.4 和表 6.1 比较了在指数服务时间 $t=1$ 时, 共同占用 (PS) 与反馈占用 (FB) 的平均等待时间. 图中四种反馈占用队列的服务率分别是 μ=0.5, 1, 2 和 3. 在同样的 ρ 值时,μ 越大就表示越多的顾客服务时间短于 t=1, 他们有较多机会先占服务台而提早离去, 所以 $W(1)$ 的值就会变得越高.

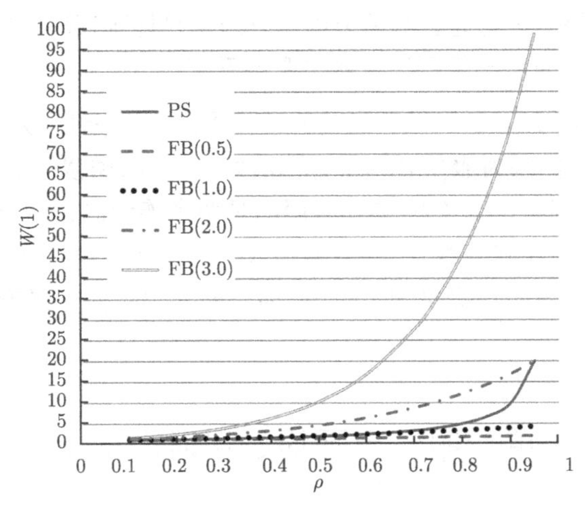

图 6.4 $M/M/1$ 共同占用与反馈占用的平均等待时间

表 6.1

ρ	PS	FB (μ=0.5)	FB (μ=1)	FB (μ=2)	FB (μ=3)
0.1	1.11	1.08	1.16	1.35	1.57
0.2	1.25	1.16	1.35	1.83	2.50
0.3	1.43	1.25	1.57	2.50	3.99
0.4	1.67	1.35	1.83	3.41	6.42
0.5	2.00	1.46	2.14	4.67	10.40
0.6	2.50	1.57	2.50	6.42	16.97
0.7	3.33	1.70	2.92	8.85	27.87
0.75	4.00	1.77	3.15	10.40	35.79
0.8	5.00	1.83	3.41	12.24	46.04
0.85	6.67	1.91	3.69	14.41	59.30
0.9	10.00	1.98	3.99	16.97	76.49

第 7 章　复杂服务系统模型

所谓复杂服务系统, 或者是指系统虽然结构简单, 但其行为分析的理论却十分困难 (如到达流为更新过程的 $G/G/k$ 队列的行为), 或者因为系统的结构庞大, 以致计算解答时颇为繁复 (如网络服务系统), 或者是二者兼具.

本章前半部先分析 $G/G/1$ 队列, 然后以其结果扩及 $G/G/k$ 队列. 由于简单的正确解并不为人所知, 讨论时将分两方面进行: (i) 平均延误时间的上下限,(ii) 高流量条件下的近似法, 而后半部则讨论网络服务系统.

在讨论 $G/G/1$ 与 $G/G/k$ 队列之前应该提到: 若服务时间为指数变数, 服务系统就成 $G/M/k$ 队列. 因为服务时间具有无后效性, 可用类似于 5.5 节的方法, 先找出两个连续到达时刻队长的关系 (5.5 节用的是两个连续离去时刻队长的关系), 再写出队长概率的线性联立方程式, 以计算队长分布. 由于 $G/M/k$ 队列在实际应用上极为少见, 在本章就不再提供细节讨论, 而是列于附录供有兴趣的读者参考.

7.1　单一服务台平均延误时间的上下限

虽然泊松到达流是常见的现象, 但是它毕竟不能代表所有的到达过程. 譬如公共交通车辆多半是依固定间隔进站, 所以也应该考察在一般到达过程条件下系统的行为. 下面讨论单一服务台 (即 $G/G/1$ 队列) 的问题时, 将假设顾客先后到达时刻服从一个更新过程. 换而言之, 各个到达间隔是互为独立而同分布的随机变数.

为了方便讨论, 假设在时间为零时, 第一位顾客来到一个闲置的 $G/G/1$ 系统. 令

t_n 为第 n 次到达时刻, $t_1=0$;

T_n为$t_{n+1}-t_n=$ 第 n 个到达间隔;

S_n 为第 n 次服务时间;

D_n 为第 n 个顾客的延误时间 (根据上述假设, $D_1=0$);

$U_n=S_n-T_n$.

因为第 n 位顾客的服务结束时刻是 D_n+S_n, 如果第 $n+1$ 位顾客的到达发生在此

刻之后, 那么 D_{n+1}=0. 否则 $D_{n+1} = D_n + S_n - T_n = D_n + U_n$. 所以

$$\begin{aligned}
&D_1 = 0\\
&D_2 = \max(0, D_1 + S_1 - T_1) = \max(0, D_1 + U_1) = \max(0, U_1)\\
&D_3 = \max(0, D_2 + U_2) = \max(0, \max(0, U_1) + U_2) = \max(0, U_2, U_1 + U_2)
\end{aligned}$$

由归纳法以及 $\{U_j\}$ 为 iid 的事实, 其一般式可写为

$$\begin{aligned}
D_{n+1} &= \max(0, D_n + U_n)\\
&= \max(0, U_n, U_n + U_{n-1}, \cdots, U_n + U_{n-1} + \cdots + U_1)\\
&\overset{\text{st}}{=} \max(0, U_1, U_1 + U_2, \cdots, U_1 + U_2 + \cdots + U_n)
\end{aligned} \tag{7.1}$$

上式中, $\overset{\text{st}}{=}$ 代表等号左右两边是“随机等于”, 也即二者有相同的分布.

因为比之于 D_n, D_{n+1} 是更多项的极大值, 所以 $D_n \overset{\text{st}}{\prec} D_{n+1}$(前者“随机小于等于”后者, 也就是说: 以 x 为任意值时, $P[D_n > x] \leqslant P[D_{n+1} > x]$), 因 $\{D_n\}$ 是单调的增函数 (monotone increasing function), 故其极限分布存在:

$$D(t) = \lim_{n\to\infty} P\left[D_n \leqslant t\right]$$

已知 S 与 T 的分布, $U = S - T$ 的分布为

$$\begin{aligned}
H(t) =& P[U \leqslant t] = P[S - T \leqslant t]\\
=& E[P[S - T \leqslant t | T = x]] = E[P[S \leqslant t + x | T = x]]\\
=& \int_0^\infty G(t + x) dF(x)
\end{aligned} \tag{7.2}$$

那么, 由 (7.1) 可得延误时间分布的关系:

$$\begin{aligned}
P\left[D_{n+1} \leqslant t\right] =& P\left[\max(0, D_n + U_n) \leqslant t\right]\\
=& P\left[D_n + U_n \leqslant t\right]\\
=& E\left[P\left[D_n \leqslant t - x | U_n = x\right]\right]\\
=& \int_0^t P\left[D_n \leqslant t - x\right] dH(x), \quad t > 0\\
&\overset{n\to\infty}{\Rightarrow} D(t) = \int_0^t D(t - x) dH(x)
\end{aligned} \tag{7.3}$$

此式称为“维纳-霍普夫方程式”(Wiener-Hopf equation). 可惜没有简单的解法. (Konheim, 1975) 提供了一个计算方法, 因为推演与计算繁琐就不在此介绍. 下面继续上、下限问题的探讨.

令

$$\delta_n = \begin{cases} -(D_n + U_n), & D_n + U_n < 0 \\ 0, & D_n + U_n \geqslant 0 \end{cases}$$

则

$$\begin{aligned} &D_{n+1} = \max(0, D_n + U_n) = D_n + U_n + \delta_n \\ &(D_{n+1} - \delta_n)^2 = (D_n + U_n)^2 \\ &D_{n+1}^2 + \delta_n^2 - 2D_{n+1}\delta_n = D_n^2 + U_n^2 + 2D_nU_n \end{aligned} \tag{7.4}$$

因为在上面所列的关系中,

(i) $E[D_{n+1}^2] = E[D_n^2] \quad (n \to \infty)$;

(ii) $D_{n+1}\delta_n = 0$;

(iii) D_n与U_n相互独立.

取其期望值, 让 $n \to \infty$, 解得

$$d = E[D] = \frac{E[\delta^2] - E[U^2]}{2E[U]} \tag{7.5}$$

在 (7.5) 式中, δ 和 U 的期望值可由下列关系求得

$$\begin{aligned} E[D_{n+1}] =& E[D_n] + E[U_n] + E[\delta_n] \\ \Rightarrow& E[\delta_n] = -E[U_n] \\ =& E[T] - E[S] = 1/\lambda - 1/\mu \\ E[U^2] =& \text{Var}[U] + (E[U])^2 = \sigma_a^2 + \sigma_s^2 + (1/\lambda - 1/\mu)^2 \\ \text{其中}\sigma_a^2 =& \text{Var}[T], \sigma_s^2 = \text{Var}[S] \\ \text{如果}\delta > 0, \delta =& \text{闲置期}\,(\delta_n = T_n - (S_n + D_n) > 0) \end{aligned} \tag{7.6}$$

令 $I=$ 闲置期, $a_0 = P$[顾客到达时, 服务台呈闲置状态], 则

$$\begin{aligned} E[\delta] =& E[\delta|D_n + U_n \leqslant 0]P[D_n + U_n \leqslant 0] + E[\delta|D_n + U_n > 0]P[D_n + U_n > 0] \\ =& E[I]a_0 + 0 \times P[D_n + U_n > 0] \\ =& E[I]a_0 \end{aligned} \tag{7.7}$$

同样地

$$E[\delta^2] = E[I^2]a_0 \tag{7.8}$$

利用 (7.6)~(7.8) 诸关系,(7.5) 可改写为

$$d = E[D] = \frac{E[I^2]a_0 - E[U^2]}{2E[U]} = \frac{E[U^2]}{-2E[U]} - \frac{E[I^2]}{2E[I]}$$

$$
\begin{aligned}
&=\frac{\sigma_a^2+\sigma_s^2+(1/\lambda-1/\mu)^2}{2(1/\lambda-1/\mu)}-\frac{E[I^2]}{2E[I]}\\
&=\frac{\lambda^2(\sigma_a^2+\sigma_s^2)+(1-\rho)^2}{2\lambda(1-\rho)}-\frac{E[I^2]}{2E[I]}
\end{aligned}
\tag{7.9}
$$

对于 $M/G/1$ 队列而言, 闲置期与到达间隔同为指数变数 (为什么?). 所以 $E[I]=E[T]=1/\lambda$. 闲置期的"剩余寿命"也具同分布, 故依照 (2.11), $E[I^2]/2E[I]=1/\lambda$. 这样 (7.9) 就变成 (5.9).

对于非指数到达间隔, 虽然闲置期的分布不得而知, 但是可以退而求其次地寻求它的上下限. 如果二者差距小, 就是一对有用的上下限. 至于在二者之间, 人们也许会更关心上限的问题 (最长会等多久时间?).

因为 $E[I^2]>(E[I])^2$,

$$
d\leqslant\frac{\lambda^2(\sigma_a^2+\sigma_s^2)+(1-\rho)^2}{2\lambda(1-\rho)}-\frac{E[I]}{2}
$$

再者 $E[I]=E[\delta]/a_0\geqslant E[\delta]=1/\lambda-1/\mu$,

$$
\begin{aligned}
d&\leqslant\frac{\lambda^2\left(\sigma_a^2+\sigma_s^2\right)+(1-\rho)^2}{2\lambda\,(1-\rho)}-\frac{E[\delta]}{2a_0}\\
&\leqslant\frac{\lambda^2\left(\sigma_a^2+\sigma_s^2\right)}{2\lambda\,(1-\rho)}+\frac{1-\rho}{2\lambda}-\left(\frac{1}{\lambda}-\frac{1}{\mu}\right)\frac{1}{2}
\end{aligned}
$$

整理后, 得到 $G/G/1$ 服务系统平均延误时间的一个上限为

$$
d\leqslant\frac{\lambda^2\left(\sigma_a^2+\sigma_s^2\right)}{2\,(1-\rho)}=d_u \tag{7.10}
$$

倘若服务时间具有 NBUE(期望值新胜于旧), 或者 NBU(新胜于旧), 或者 IFR(增衰率) 的分布 (见 (2.15) 和 (2.16) 的定义), 则 $E[I]\leqslant E[T]$, $E[I^2]/(2E[I])\leqslant E[T]=1/\lambda$. 由 (7.9),

$$
\begin{aligned}
d&\geqslant\frac{\lambda^2(\sigma_a^2+\sigma_s^2)+(1-\rho)^2}{2\lambda(1-\rho)}-\frac{1}{\lambda}\\
&=\frac{\lambda(\sigma_a^2+\sigma_s^2)}{2(1-\rho)}-\frac{1+\rho}{2\lambda}\\
&=d_u-\frac{1+\rho}{2\lambda}=d_l
\end{aligned}
\tag{7.11}
$$

在 (7.11) 中, d_l 和 d_u 之间的差距的显著与否不易估计. 但是若从平均队长来看就比较清楚. (7.11) 乘以 λ, 利用 $Q=\lambda d$ 的关系

$$
\lambda d_l\leqslant\lambda d\leqslant\lambda d_u
$$

$$\lambda d_u - \frac{1+\rho}{2} \leqslant Q \leqslant \lambda d_u \tag{7.12}$$

因为 $\rho < 1$, 平均等候服务顾客数的上下限之间的差小于 1.

倘若服务时间具有 NWUE(期望值新劣于旧), 或者 NWU(新劣于旧), 或者 DFR(减衰率) 的分布, 则 $E[I] \geqslant E[T], E[I^2]/(2E[I]) \geqslant E[T] = 1/\lambda$. 因而

$$d \leqslant \frac{\lambda(\sigma_a^2 + \sigma_s^2)}{2(1-\rho)} - \frac{1+\rho}{2\lambda} \tag{7.13}$$

因为右边最后一项大于零, 作为一个上限,(7.13) 优于 (7.10).

7.2 多个服务台平均延误时间的上下限

$G/G/k$ 的上下限可以利用 $G/G/1$ 的结果求得. 在下限部分, 首先考察两个不同的服务系统:

(a) $G/G/k-(T,S/1)$ 队列分别以T和S为其到达间隔与服务时间的随机变数;

(b) $G/G/1-(T,S/k)$ 队列, 服务需求 (即工作量) 不变, 仍为 S. 但是服务率增加了 k 倍.

假定在 t 之前的累积到达数为 $A(t)$. 以 V_1, V_k, D_1 和 D_k 分别代表 $G/G/1$—$(T,S/k)$ 与 $G/G/k-(T,S/1)$ 的虚延迟和延误时间. 利用 (5.7) 式的概念可知: 就 $G/G/k-(T,S/1)$ 队列而言

$$\lim_{t\to\infty} \frac{E\left[DS + \dfrac{S^2}{2}\right] A(t)}{t} = V_k$$

所以

$$E[V_k] = \lambda E[D_k]E[S] + \frac{\lambda E[S^2]}{2} \quad \sim G/G/k-(T,S/1) \tag{7.14}$$

对 $G/G/1-(T,S/k)$ 队列而言, 每个到达系统者使工作总量增加的部分以面积表示为

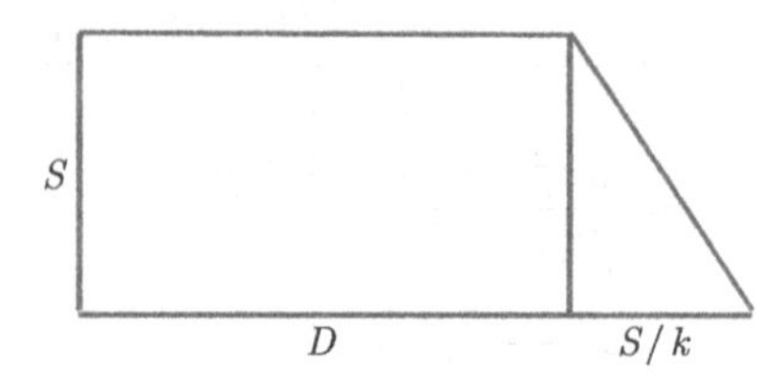

所以

$$E[V_1] = \lambda E[D_1]E[S] + \frac{\lambda E[S^2/k]}{2} \sim G/G/1-(T,S/k) \tag{7.15}$$

图 7.1 比较两个系统的工作量变化.$G/G/1-(T,S/k)$ 队列的服务率是 $k\mu$, 而 $G/G/k-(T,S/1)$ 队列的服务率却随着队列长度而变, 但是最大不会超过 $k\mu$. (准确地说, 如果有 n 个服务台被占用, 服务率就是 $n\mu, n=1,2,\cdots,k$) 由于二者的到达过程相同, 因此 $E[V_k]\geqslant E[V_1]$. 这个关系用 (7.14) 和 (7.15) 来表示就成为

$$d_k = E[D_k] \geqslant E[D_1] - \frac{E[S^2]}{2E[S]}\left(1-\frac{1}{k}\right) \tag{7.16}$$

再代入 $G/G/1-(T,S/k)$ 系统 $E[D_1]$ 的下限 (见 (7.11)), 即得 $G/G/k$ 平均延误时间的下限.

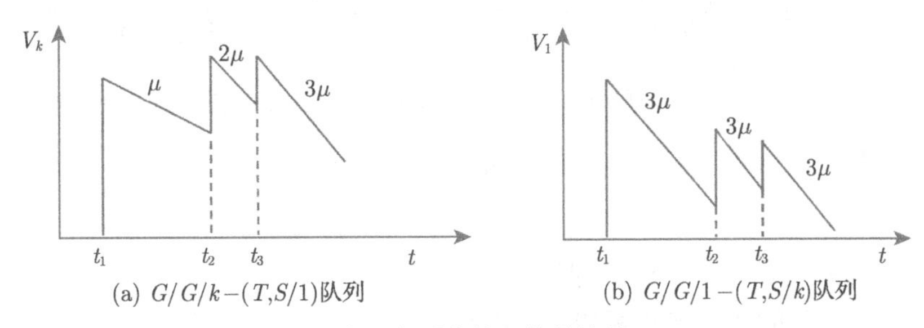

(a) $G/G/k-(T,S/1)$队列 (b) $G/G/1-(T,S/k)$队列

图 7.1 两个服务系统的工作量比较 (k=3)

处理 $G/G/k$ 上限问题时, 可设想一个特殊的排队规则: 到达顾客依次安排至第 1,2,$\cdots$ 个服务台. 因此每一个单独的服务台的行为就如同一个 $G/G/1-(kT,S/1)$ 队列. 它的平均延误时间 $E[\bar{D}_1]$ 的上限可由 (7.10) 求得.

由于各个服务台即或在闲置状态时也不得分担其他队列的工作, 因此

$$d_k \leqslant E[\overline{D}_1] = \frac{(\lambda/k)(\mathrm{Var}[kT]+\sigma_s^2)}{2(1-\lambda E[S]/k)} = \frac{\lambda(k^2\sigma_a^2+\sigma_s^2)}{2(k-\lambda E[S])} \tag{7.17}$$

7.3 高负荷下的近似解

如第 5 章 $M/G/k$ 队列的讨论所示, 近似解法通常会援用一些极端的条件, 以简化问题. 在某些条件下, 可以引用极限定理求解. 下面介绍的解法就是这个概念在 $G/G/1$ 队列的应用. 首先, 在讨论中需要引用到下面的一个定理.

定理 7.1(更新过程的中央极限定理 (central limit theorem)) 以 $E[T]=1/\lambda$, $\mathrm{Var}[T]=\sigma^2$ 分别作为更新过程 $\{M(t),t\geqslant 0\}$ 到达间隔 T 的均值与方差. 令 $S_m=\sum\limits_{i=1}^{i=m}T_i$. 因此 $E[S_m]=m/\lambda, \mathrm{Var}[S_m]=m\sigma^2$. 随机变数 $M(t)$ 标准化后的分布:

$$H(y) = P\left[\frac{M(t)-\lambda t}{\sqrt{\lambda^3\sigma^2 t}} < y\right] = P[M(t) < \lambda t + y\sqrt{\lambda^3\sigma^2 t}]$$

调整 t, 使得 $m = \lambda t + y\sqrt{\lambda^3\sigma^2 t}$ 为正整数. 这样 $H(y) = P[M(t) < m] = P[S_m > t]$. 因为

$$\frac{t - m/\lambda}{\sqrt{m}\sigma} = \frac{t - (y\sqrt{\lambda^3\sigma^2 t} + \lambda t)/\lambda}{\sigma\sqrt{y\sqrt{\lambda^3\sigma^2 t} + \lambda t}} = \frac{-y\sqrt{t}}{\sqrt{y\sqrt{\lambda\sigma^2 t} + t}} = \frac{-y}{\sqrt{y\sqrt{\lambda\sigma^2/t} + 1}} \overset{t\to\infty}{\to} -y$$

$$\begin{aligned} H(y) &= P\left[\frac{S_m - m/\lambda}{\sqrt{m}\sigma} > \frac{t - m/\lambda}{\sqrt{m}\sigma}\right] \\ &\overset{t\to\infty}{\to} P\left[\frac{S_m - m/\lambda}{\sqrt{m}\sigma} > -y\right] = \int_{-y}^{\infty} \frac{1}{\sqrt{2\pi}} e^{-\frac{x^2}{2}} dx = \int_{-\infty}^{y} \frac{1}{\sqrt{2\pi}} e^{-\frac{x^2}{2}} dx \end{aligned}$$

故 $t \to \infty, E[M(t)] = \lambda t, \mathrm{Var}[M(t)] = \lambda^3\sigma^2 t$, 而且 $M(t)$ 的极限分布为正态分布.□

1. **扩散近似法** (diffusion approximation)

令

$N(t)$ 为系统在时间 t 的队列长度;

$A(t)$ 为在时间 t 以前累积的到达次数;

$B(t)$ 为在时间 t 以前累积的离去次数.

假设条件: (i) 在 t 时刻, $N(t) > 0$, 而且在一个有限时段 $(t, t+\tau)$, 队列几乎不会消失;

(ii) 在 $(t, t+\tau)$ 之间, 许多事件 (到达或离去) 发生.

条件 (i) 意味着: $A(t)$ 和 $B(t)$ 至少在 $(t+\tau)$ 之前, 可被视为互为独立的更新过程, 它们的发生率分别是 λ 和 μ. 条件 (ii) 说的是: $A(t+\tau) - A(t)$ 包含了许多独立而同分布的到达间隔, 而 $B(t+\tau) - B(t)$ 包含了许多独立而同分布的服务时间. 从前述的更新过程的"中心极限定理"可知: $A(t+\tau) - A(t) \sim N(\lambda\tau, \sigma_a^3\lambda^2\tau)$ 和 $B(t+\tau) - B(t) \sim N(\mu\tau, \sigma_s^3\mu^2\tau)$. 因为 $N(t+\tau) - N(t) = [A(t+\tau) - A(t)] - [B(t+\tau) - B(t)]$ 是两个互为独立的正态变数之差, 所以也呈正态分布. 其均值为 $\theta\tau = (\lambda - \mu)\tau$, 方差 $\Delta\tau = (\sigma_a^3\lambda^2 + \sigma_s^3\mu^2)\tau$. 已知 $\{N(t) = x_0\}, N(t+\tau)$ 的条件概率密度函数即为

$$\begin{aligned} f(x, t+\tau|x_0, t) &= \frac{d}{dx} P[N(t+\tau) \leqslant x | N(t) = x_0] \\ &\approx \frac{1}{\sqrt{2\pi\Delta\tau}} e^{-\frac{(x - x_0 - \theta\tau)^2}{2\Delta\tau}} \end{aligned} \tag{7.18}$$

以 $f(x_0, t) = dP[N(t) \leqslant x_0]/dx_0$ 代表 $N(t)$ 的概率密度函数. 由对 x 的泰勒展开式 (Taylor's expansion):

$$f(x_0, t) = f(x, t) + (x_0 - x)\frac{\partial f(x, t)}{\partial x} + \frac{(x_0 - x)^2}{2!}\frac{\partial^2 f(x, t)}{\partial x^2} + \cdots$$

与条件概率的关系, 可得

$$
\begin{aligned}
f(x,t+\tau) &= \int f(x,t+\tau|x_0,t)f(x_0,t)dx_0 \\
&= \int \left[f(x,t)+(x_0-x)\frac{\partial f(x,t)}{\partial x}+\frac{(x_0-x)^2}{2!}\frac{\partial^2 f(x,t)}{\partial x^2}+\cdots\right]f(x,t+\tau|x_0,t)dx_0
\end{aligned}
$$

去掉高阶项, 代入 (7.18), 再进行积分, 则得到一个“扩散方程式”(diffusion equation):

$$
f(x,t+\tau) \approx f(x,t) - \theta\tau\frac{\partial f(x,t)}{\partial x} + \frac{(\Delta\tau+(\theta\tau)^2)}{2!}\frac{\partial^2 f(x,t)}{\partial x^2}
$$

除以 τ,

$$
\lim_{\tau\to 0}\frac{f(x,t+\tau)-f(x,t)}{\tau} = \frac{\partial f(x,t)}{\partial t} = -\theta\frac{\partial f(x,t)}{\partial x} + \frac{\Delta}{2}\frac{\partial^2 f(x,t)}{\partial x^2}
$$

因为在稳定状态下, 当 $t\to\infty$ 时,$\partial f(x,t)/\partial t=0$, 所以

$$
0 = -\theta\frac{df(x)}{dx} + \frac{\Delta}{2}\frac{d^2 f(x)}{dx^2}
$$

去掉一次微分, 还原成

$$
c_1 = -\theta f(x) + \frac{\Delta}{2}\frac{df(x)}{dx}
$$

由于 $f(\infty)=0, f'(\infty)=0$, 故 $c_1=0$. 上式的解成为

$$
f(x) = c_2 e^{2\theta x/\Delta}, \quad x>0.
$$

再用 $\int_0^\infty f(x)dx=1$ 的关系以及 $\theta=\lambda-\mu<0$ 的条件, 求得 $c_2=-2\theta/\Delta$. 所以 $G/G/1$ 队长的概率密度函数近似于

$$
f(x) = \frac{2(\mu-\lambda)}{\sigma_a^2\lambda^3+\sigma_a^2\mu^3}e^{-\frac{2(\mu-\lambda)x}{\sigma_a^2\lambda^3+\sigma_s^2\mu^3}}, \quad x>0 \tag{7.19}
$$

此结果在应用上有两点需要注意: (i) 服务系统必须处于高负荷状态, 这是 (7.18) 成立的前提, (ii) 队列长度本身应是离散变数, 而此处是以连续变数求其近似值. 因为结果来自扩散方程式, 故此方法被称为“扩散近似法”.

图 7.2 是利用 $M/U/1$ 队长分布 (参见图 5.17, $M/G/k$ 近似解法在 $G=U$ 时结果相对较差) 对扩散近似法的有效性作一个简单查验, 图中列出有三组在 ρ=0.95 时的解: (i) 5.7 节中 $M/G/k$ 队长分布的近似解 (pro), (ii) 仿真的结果 (sim), 以及 (iii) 扩散近似解 (dfu). 扩散近似法的假设条件是队列长到在短期内不致消失, 因此没有理由期望对 $P[N(t)$ =0 或 1] 之值有准确的估计.

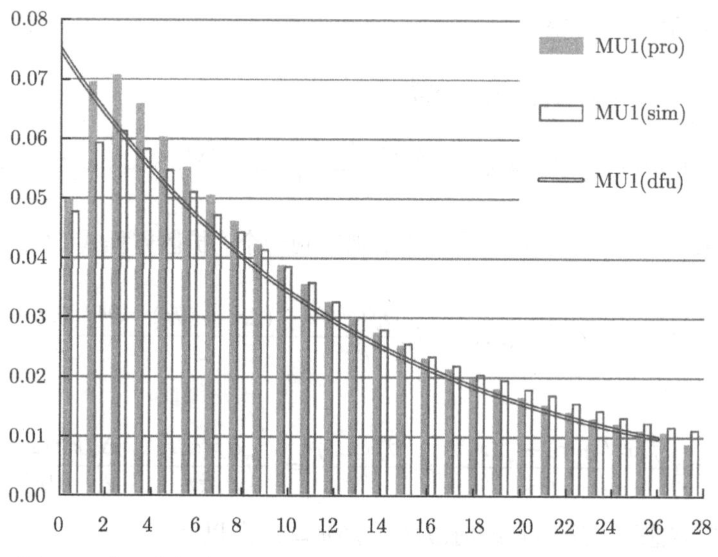

图 7.2 高负荷状态下 $(\rho = 0.95)M/U/1$ 队长分布的扩散近似解

2. **金曼高负荷近似法** (Kingman's heavy traffic approximation)

对单一服务台系统而言，所谓高负荷状态，一般是指 $\rho = \lambda/\mu \to 1$. 然而从 (7.1) 来看，延误时间 D 却与 $U = S - T$ 有关. 一个稳定系统的条件是 $h = E[S] - E[T] < 0$. 所以二者之差越接近零，$E[D]$ 值亦越大. 如果 $E[S]$ 与 $E[T]$ 同时增加 $c,\rho = (E[S]+c)/(E[T]+c)$, 可以因 c 任意变大而趋近于 1. 但是 h 值却不会变. 因此 $h = E[S] - E[T] \to 0$ 是更为严谨的条件.

在高负荷条件下，(7.9) 式

$$d = \frac{\lambda(\sigma_a^2 + \sigma_s^2)}{2(1-\rho)} + \frac{1-\rho}{2\lambda} - \frac{E[I^2]}{2E[I]}$$

的第二项 $(1-\rho)/2\lambda = (E[S] - E[T])/2 \to 0$. 而闲置期 $P[I > 0] \to 0$, 因此第三项亦近于零. 平均延误时间 d 接近上限，如 (7.10) 所示:

$$h = E[S] - E[T] \to 0, \quad d = \frac{\lambda(\sigma_a^2 + \sigma_s^2)}{2(1-\rho)} \tag{7.20}$$

另一方面，由扩散近似法得到的队长分布是指数分布. 它的均值也会因 $E[S]$ 与 $E[T]$ 相近而为一大数. 在这样的情况下，可以粗略地说：延误时间是由一个剩余服务时间加 M 个完整的服务时间组成. 因为是长队列，顾客遭受的延误绝大部分是在等候这 M 个服务时间，因此可以认为 $D \approx \sum_{i=1}^{i=M} S_i$. 此外，在高负荷下，$P[M >> 1]$ 接近于 1. 由“大数定理” (law of large number), $\lim_{n\to\infty} P\left[\sum_{i=1}^{i=n} S_i = nE[S]\right] = 1$. 所以延误时间 D 近似于 M 个平均服务时间之和. 如同 M 一样, D 的分布也近似于指数分布. 以此分析为基础, 由 (7.19)

$$d = E[D] \approx E\left[\sum_{i=1}^{M} S_i\right] = E[M]E[S]$$
$$\approx \frac{\sigma_a^2\lambda^3 + \sigma_s^2\mu^3}{2(\mu-\lambda)}\frac{1}{\mu} = \frac{\lambda(\rho^2\sigma_a^2 + \sigma_s^2/\rho)}{2(1-\rho)}$$

而当 $h \to 0$ 时, 上式之值接近于 (7.20) 之值. 因此可以宣称: 在高负荷下, $G/G/1$ 队列的延误时间近似于

$$\text{以均值为}\lambda(\sigma_a^2 + \sigma_s^2)/[2(1-\rho)]\text{的指数变数.} \tag{7.21}$$

金曼对此提供了数学证明 (Kingman, 1962).

因为在拥挤时刻, $G/G/k$ 队列行为近似于一个以 $k\mu$ 为服务率 (S/k 为服务时间) 的 $G/G/1$ 队列, 金曼同时也提出一个猜想:

在高负荷下, $G/G/k$ 队列的延误时间近似于以均值为

$$\mu(\sigma_a^2 + \sigma_s^2/k^2)/[2(1-\rho)]\text{的指数变数, 其中}\rho = \lambda/(k\mu). \tag{7.22}$$

这项证明见文献 (Öllerstorm, 1974).

除了近似解之外,20 世纪 50 年代以后, 由于电子计算机的发展, “仿真法” (simulation) 也被用于系统分析. 人们可以根据预置的统计分布 (例如: 到达间隔分布、服务时间分布等), 利用计算机产生相关的数值, 并按照预定的排队规则与顾客行进的路线进行“数值实验.” 在实验过程中, 记录观察的数据 (如队列长度、延误时间等), 最后结合统计方法, 求得服务系统绩效的量度. 这种方法的技术要求并不很高, 主要问题在于 (i) 系统绩效的量度的准确性, (ii) 准确性与实验所需时间的关系,(iii) 实验所花费时间与成本的合理性. 为了让有需要的读者对仿真有一个基本认识, 本书附录 II 对此提供了一个简单介绍, 并针对上述问题做了一些评论. 至于仿真的细节并非本书讨论的范围, 有兴趣的读者请自行参阅仿真的专门书籍.

7.4 纵列系统模型与生产线

纵列服务系统包括多个“服务站”形成先后序列, 每个服务站可以有一个或多个相同的服务台. 顾客按照服务站先后排列的顺序, 依次进入服务站的队列. 图 7.3

的纵列共有 n 个单台服务站. 在第 i 站完成服务的顾客就前往第 $i+1$ 站的队列, 如此继续直到在服务站 n 的服务完成, 而离开系统.

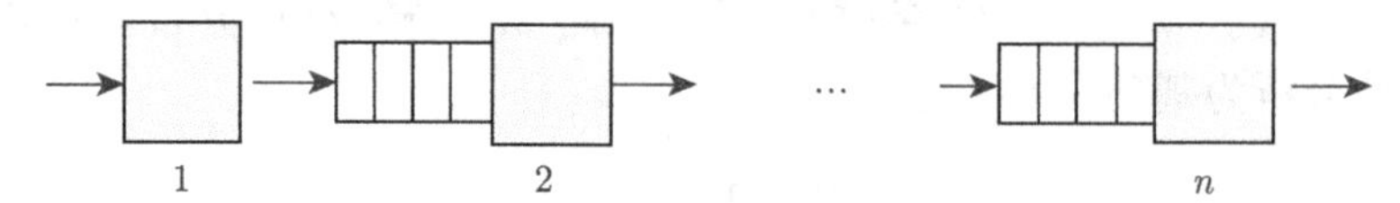

图 7.3　单台服务站的纵列服务系统

如果系统的顾客来自一个泊松流, 各服务台的服务时间是指数变数, 那么由 3.5 节的结果可知: 每个服务站看起来都像是互为独立的 $M/M/k$ 队列. 其队长分布由 (4.2) 和 (4.5) 决定. 在图 7.3 的例子里, 第一站是一个 $M/M/1$ 队列, 以 λ, μ_1 与 X_1 分别代表到达率、服务率和队列长度, 那么 (i)$P[X_1 = x_1] = p_1(x_1) = (1-\rho_1)\rho_1^{x_1}, x_1 = 0, 1, 2, \cdots$; (ii) 其离去过程 (即第二站的到达过程) 仍是以 λ 为发生率的泊松过程. 从整体来看, 各站队长的联合分布:

$$\begin{aligned}P[X_1 = x_1, X_2 = &x_2, \cdots, X_n = x_n] \\ &= p(x_1, x_2, \cdots, x_n) = \prod_{i=1}^{n} p_i(x_i) \\ &= \prod_{i=1}^{n}(1-\rho_i)\rho_i^{x_i}, \quad x_i = 0, 1, \cdots, \forall i\end{aligned}$$

如果第 j 站有 k_j 个服务台, 则

$$p_j(x_j) = \begin{cases} p_j(0)[\lambda^{x_j}/(x_j!\mu^{x_j})], & x_j \leqslant k_j \\ p_j(0)[\lambda^{x_j}/(k_j!k_j^{x_j-k_j}\mu_j^{x_j})], & x_j > k_j \end{cases}$$

$$p_j(0) = \left[1 + \sum_{n=1}^{n=k_j} \lambda^n/(n!\mu_j^n) + \sum_{n=k_j+1}^{n=\infty} \lambda^n/(k_j!k_j^{n-k_j}\mu_j^n)\right]^{-1} \tag{7.23}$$

倘若服务站之间仅有有限等候空间 (如 (4.3) 式), 一旦等候区客满, 则上游完成服务的顾客就因无法进入下一队列而滞留在原服务台上. 这种现象称为“阻塞”(block), 如果各服务时间仍是指数变数, 虽然可以写出平衡方程式, 但是各服务站的队列长度不再互为独立, 求解的过程变得异常复杂. 如果服务时间是任意的随机变数, 就连代数方程式也不可得了.

这种有限等候空间的设置在生产线上称为“缓存区”(buffer), 是用来控制在制品 (work-in-process) 数量的方法. 下面用一些简单的例子来说明缓存区的作用. 假定一生产系统有两个单台服务站, 它们的服务时间以分钟计分别为 (S_1, S_2). 如图 7.4 所列各例.

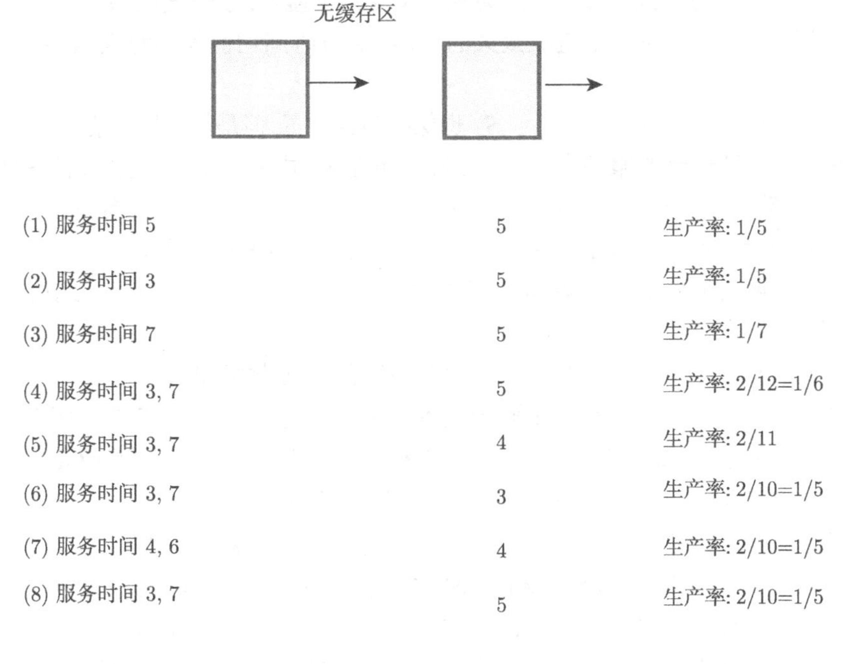

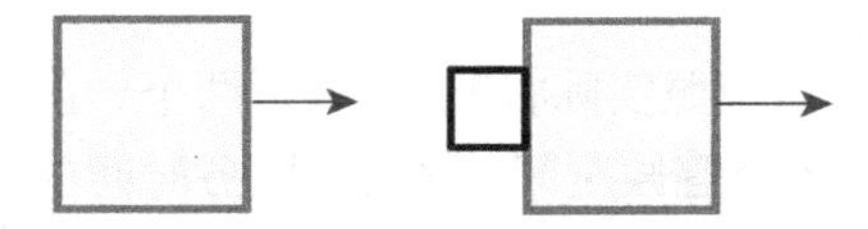

图 7.4 服务时间与缓存区对生产率的影响

- 第一例: $(S_1, S_2) = (5, 5)$. 无论有无缓存区, 都是 5 分钟出一个产品, 也即生产率 $TP = 1/5$.
- 第二例: 若时间改为 (3,5), 因为 S_2 是瓶颈, $TP = 1/5$. 同理, 第三例的 TP=1/7.
- 第四例: 假定 S_1 交互为 3,7,3,7,$\cdots$(均值 =5), 而 S_2 仍然保持为常数 5. 倘若在时间 t= 0 时, 两个服务台同时开始运作, 其服务时间是 (3,5). 而到了 t=3, 第一台的服务完成, 但第二台仍有 2 分钟的剩余服务时间. 因为无缓存区 (等候空间为 0), 第一台就被自己完成的工件占据而停止工作. t=5 时, 第二台完工而空出, 此时占据第一台的工件可以移至第二台, 两台同时分别以 $(S_1$,$S_2) =$ (7,5) 的服务时间开始新工作. 到了 t= 10, 第二台因完工而闲置, 但尚需再等两分钟后才能接到新的工作. 在 t= 12 的时刻, 生产线就恢复到 t= 0 时状态. 换而言之, 每 12 分钟出货两件, 故生产率 TP = 2/12 =1/6.
- 第五、六例: S_1 仍是交互为 3,7,3,7,$\cdots$, S_2=4 与 3 时, 生产率分别是 TP = 2/11 与 2/10. 服务时间的波动造成生产率下降的原因是由于服务台的闲置.

当 S_1 与 S_2 的均值相差较大时, 因为生产率受限于慢者, 较快速的服务台就算一时闲置, 也不会对生产率造成太大的冲击. 服务时间均值差别越大, 冲击越小.

- 第八例: S_1 仍是交互为 3,7,3,7,$\cdots$,S_2 也保持为常数 5, 但是缓存区拥有一个空间. 在 t= 3, 第一台的服务完成, 工件进入缓存区, 由此可即刻开始以服务时间为 7 的新工件. 第二台也继续做完剩余的 2 分钟. t=5 时, 第二台完工, 可以即刻获取缓存区在等候的工件, 此刻第一台的剩余时间恰等于 5. 所以到 t= 10 的时刻, 两台同时完工且取得新工作. 所以生产率 TP= 2/10=1/5, 此值与第一例相同.

讨论至此, 读者应该能够了解图 7.4 所列的各例. 并因此可知:

(i) 服务时间为常数时, 只有减少瓶颈服务时间才能提升生产率 (例二、例三).

(ii) 即使均值相同, 如服务时间的波动 (变易) 增加, 生产率也会下降 (例四).

(iii) 增加缓存区以"吸收"波动可以提升生产率 (例八).

(iv) 因为缓存区的等候空间越大, 阻塞机会越小, 故生产率也越高.

(v) 减少服务时间可以缓解因波动而损失的生产率 (例四、例五、例六、例七).

(vi) 均值不变时, 波动越小, 损失的生产率也越少 (比较例五与例七).

(vii) 前后两站服务时间差距越大, 则波动对生产率的影响就越小 (比较例五与例六).

有了这些概念介绍, 现在可以依照实际状况, 来分析两个一前一后的服务队列的基本模型. 其间的缓存区有 B 个等候空间. 它们的服务时间的均值与变异系数分别以 $E[S_i]$ 和 CV_i, i =1, 2 来表示 (图 7.5).

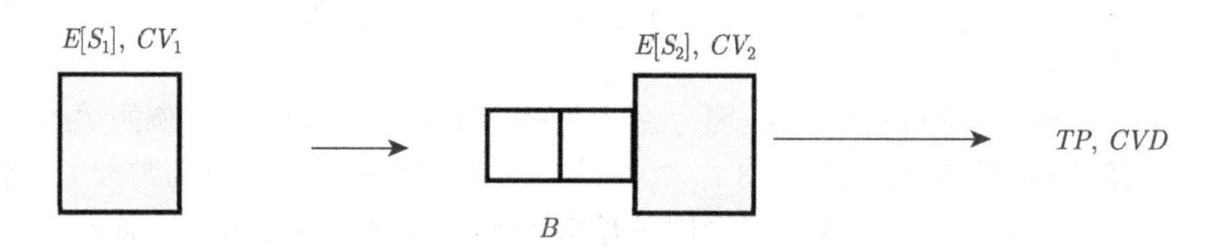

图 7.5 纵列系统分析的基本模型

第一个服务台完成的工件送至缓存区后, 即刻就开始处理下一个新的工件. 若完工时, 缓存区已无等候空间, 那么工件就滞留在台上, 而停止开启新工件. 这种情况将持续到第二台完工, 由缓存区提取工件, 为第一台腾出一个等候空间为止. 当然, 由于前后服务时间的波动或差异, 第二台也可能因缓存区无件可供而停止运转.

第 2 章的 (2.18) 曾提及:

- $0.10 \leqslant CV_i \leqslant 0.65$

- $0.40 \leqslant \min(S_i)/E[S_i] \leqslant 0.80$
- 密度函数为一右偏分布

为了方便分析, 就假设 S_i 是类似于伽马分布的变数, 其 CV 值为 0.2, 0.4, 0.6, $\min(S_i)/E[S_i]$ 的比值分别是 0.65, 0.55 和 0.45.

$E[S_1]$ 与 $E[S_2]$ 的差别可用二者的比值 $D=E[S_2]/E[S_1]$ 来看. 在不同的 D 值下, 利用仿真估计出在第二个工作站的生产率 TP 列于表 7.1. 为了便于比较生产率因缓存区的限制造成的损失, 此处以 $\max(E[S_1],E[S_2])=1$, 故不论 D 值为何, TP 的理论值都不会超过 1. 据此可见: 如果 $E[S_1]$ 与 $E[S_2]$ 相差超过 30%(D=0.7 或者 1.3), 只要维持在与实际情况所知的变易范围内 (即 $CV \leqslant 0.65$), 不论 CV_1,CV_2 和 B 之值为何,TP 相差都为 1%~2%. 仿真所能提供的精确性无法分辨这个差别 (在利用仿真估计绩效量度时, 对于实际值的误差通常要求不会小于 5%, 请参阅附录 I 的论述). 在实务上可以认为: 当 $D \leqslant 0.7$ 或者 $D \geqslant 1.3$ 时, 只要些许的缓存区,CV 值的变动对 TP 的影响就可以忽略不计 (见表 7.1 中 CV_1=0.6, CV_2=0.6, B=2).

表 7.1 前后服务时间之差对生产率的影响

CV_1	CV_2	B	$D=0.7$	$D=0.85$	D=1.0	$D=1.15$	D= 1.3
0.2	0.2	2	1.000	1.002	0.985	1.003	1.003
		8	0.991	1.002	0.996	1.003	1.004
0.2	0.6	2	0.998	0.981	0.942	0.988	1.002
		8	0.998	0.997	0.984	1.002	1.002
0.6	0.2	2	0.998	0.993	0.934	0.976	0.989
		8	1.010	1.008	0.987	0.998	1.001
0.6	0.6	2	0.997	0.969	0.915	0.964	0.992
		8	1.021	1.001	0.977	1.004	1.013

以不同的 D,CV_1,CV_2 和 B 值的组合作为仿真模型的参数:

- D=0.7, 0.85, 0.925, 1, 1.075, 1.15, 1.3
- CV_1=0.2, 0.4, 0.6
- CV_2=0.2, 0.4, 0.6
- B=2, 5, 8

这样就需进行 189(=7×3×3×3) 次的 (仿真) 实验, 每次可得出一组生产率 (TP) 以及离去间隔的变易系数 (CVD). 反过来说,TP 与 CVD 可分别视作 D, CV_1,CV_2 和 B 的两个函数.

在另一方面, 由于 D 是两个平均服务时间的比值, 它本身可视为一个"标准化"了的平均服务时间, 换而言之, 前后两个平均服务时间分别等于 1 和 D. 所以生产率可写成 $TP = (1-\alpha)/\max(1,D)$, 其中 α 是有限缓存区 (因阻塞) 而引起的"减产"因子.

利用“回归法” (regression) 以仿真的结果纳入经验公式:

$$\alpha = (a_1 CV_1^2 + a_2 CV_2^2)e^{-\sqrt{B}}$$

或者更明确地写为

$$TP = \frac{1 - (a_1 CV_1^2 + a_2 CV_2^2)e^{-\sqrt{B}}}{\max(1, D)} \tag{7.24}$$

则得到如表 7.2 所列的 a_1, a_2, 相关系数 (R), 以及差异平均和 (error sum of squares, SSE).

表 7.2　生产率的回归模型数据

D	a_1	a_2	R	SSE
0.700	−0.12	0.08	0.409	0.0010
0.850	0.05	0.20	0.923	0.0007
0.925	0.23	0.32	0.951	0.0016
1.000	0.60	0.56	0.978	0.0008
1.075	0.34	0.24	0.975	0.0012
1.150	0.25	0.04	0.922	0.0011
1.300	0.11	−0.09	0.564	0.0008

在 $D \in$(0.85, 1.15) 时, 表中的 R 值都在 0.9 以上. 而 $D = 0.7$ 和 1.3 时, R 值显示低相关性. 此现象正如前所论: 前后两站平均服务时间相差超过 30%, 则生产率受到服务时间波动与缓存区的影响就极为有限.

除去表 7.2 中 $D = 0.7$ 和 1.3 的资料, 以各行 (a_1, a_2) 之值代入 (7.24), 得出的 TP 值, 连同各自对应的 (a_1, a_2), 再作一次回归分析, 那么 (7.24) 就变成

$$TP = \frac{1}{\max(1, D)} \left[1 - (CV_1^2, CV_2^2) U \begin{bmatrix} 1 \\ D \\ D^2 \end{bmatrix} e^{-\sqrt{B}} \right] \tag{7.25}$$

以上

$$U = \begin{cases} \begin{pmatrix} 6.95 & -18.19 & 11.84 \\ 1.90 & -5.82 & 4.48 \end{pmatrix}, & D \leqslant 1 \\ \begin{pmatrix} 7.36 & -10.50 & 3.74 \\ 16.43 & -26.64 & 10.77 \end{pmatrix}, & D > 1 \end{cases}$$

同样的方法用于分析离去间隔的变易系数 CVD 时, 得到的一个经验式为

$$CVD = b_1 CV_1 (1 - CV_2) + b_2 CV_2 + \frac{b_3 \max[0, (CV_2 - CV_1)]}{1 + B} \tag{7.26}$$

其中系数 b_1, b_2 和 b_3 的数值在不同参数组合下见表 7.3, 随着 D 值的增加 ($E[S_1]$ 相对越短), CV_1 越来越不重要 (b_1 值递减为零).

表 7.3 离去间隔变易系数的回归模型数据

D	b_1	b_2	b_3	R	SSE
0.700	0.79	0.75	0.19	0.996	0.0071
0.850	0.52	0.85	0.29	0.999	0.0017
0.925	0.28	0.93	0.62	0.998	0.0021
1.000	0.04	0.99	0.87	0.997	0.0046
1.075	0.00	1.00	0.41	0.998	0.0031
1.150	0.00	0.99	0.23	0.999	0.0015
1.300	0.00	0.99	0.09	0.999	0.0016

由 CVD 与 (b_1, b_2, b_3) 的回归分析得出

$$\begin{aligned} CVD = &\left(CV_1(1-CV_2), CV_2, \frac{\max(0,(CV_2-CV_1))}{1+B}\right) \\ &\times \begin{bmatrix} 4.68 & -7.68 & 3.13 \\ -0.50 & 2.51 & -1.05 \\ & V & \end{bmatrix} \begin{bmatrix} 1 \\ D \\ D^2 \end{bmatrix} \end{aligned} \tag{7.27}$$

以上

$$V = \begin{cases} (4.76 \quad -12.72 \quad 8.84), & D \leqslant 1 \\ (20.20 \quad -32.18 \quad 12.86), & D > 1 \end{cases}$$

已知 D, CV_1,CV_2 和 B, 由 (7.25) 和 (7.27) 可分别算出 TP(虽然在前面讨论时用的是生产率的名称, 更广泛的说法是通过率 (throughput)) 与 CVD 的估计值. 此处应该指出: (i) 此二者都是经验公式, 因而都不是唯一的, (ii) 此通过率是假定 $E[S_1]=1$(为什么如此说?), 实际的值应为 $TP/E[S_1]$.

反复利用 (7.25),(7.27) 就可以求得多个服务站的生产率. 这个方法由最前两站开始:

算法 7.1 (i) 已知 $E[S_1], E[S_2], CV_1, CV_2$ 和 B(第一、二站之间缓存区的空间), 代入 (7.25) 和 (7.27), 得出 TP 与 CVD.

(ii) 合并第一、二站作为一个虚拟服务站, 其服务时间的均值和变易系数分别为 $T_2 = E[S_1]/TP$ 和 $V_2 = CVD$.

(iii) 以 T_2, $E[S_3], V_2, CV_3$ 和 B(第二、三站之间缓存区的空间), 代入 (7.25) 和 (7.27), 得出新的 TP 与 CVD.

(iv) 合并第一、二、三站为一虚拟服务站, 其服务时间的均值和变易系数分别为 $T_3 = T_2/TP$ 和 $V_3 = CVD$. 连同下一站的参数, 代入 (7.25) 和 (7.27).

(v) 如此以同样的方式继续, 直到最后一个服务站被纳入运算过程为止. 那么全线的生产率的最后估计值就是 TP/T_{n-1}.

例 7.1 (硬碟装配线)　IBM 公司的一条硬碟装配线 (head and disk assembly) 提供了如下数据 (以瓶颈时服务时间均值为一个单位):

$E[S_i]$	0.86	0.74	0.91	0.58	0.96	0.93	1.00	0.81	0.79	0.98
CV_i	0.45	0.45	0.10	0.10	0.45	0.15	0.15	0.60	0.60	0.20
B_i		1	2	1	2	4	4	4	2	2

利用上述方法得出的生产率为 0.917. 仿真结果为 0.938. 由瓶颈时服务时间均值为 1, 最大可能的生产率为 1. 小于此数源于阻塞现象. □

例 7.2 (服务时间的变易与线长对生产率的影响)　如图 7.3 所示, 假设 n 个成一纵列的服务站有相同的伽马服务时间, 均值为 1. 前后相连两站之间等候空间是 4. 随着线长 n 的改变, 图 7.6 中两条曲线分别是服务时间 CV=0.25 和 0.35 时由算法 7.1 求得的生产率.

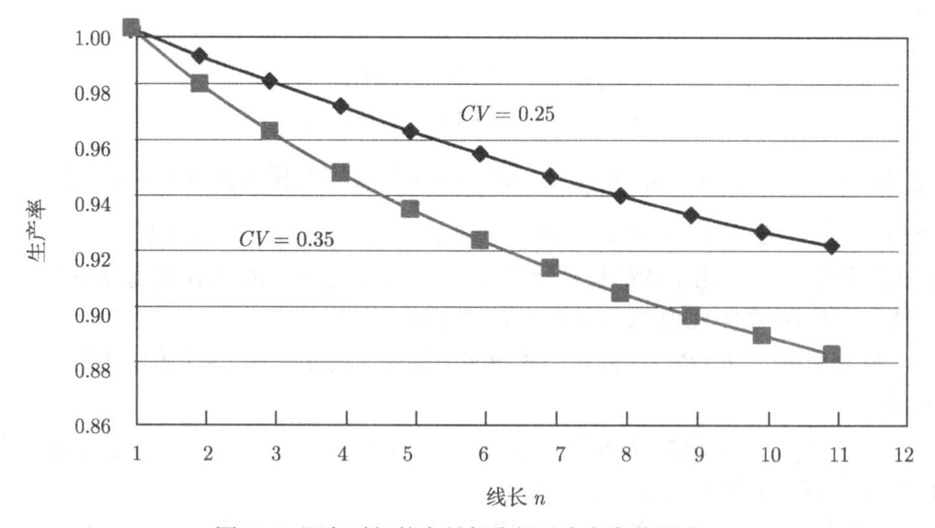

图 7.6　服务时间的变易与线长对生产率的影响

观察结果可知, 在缓存区有限制时:

(i) CV 越大生产率越低. 因此控制服务时间的波动是增产的重要手段;

(ii) 生产率因产线增长而下降, 但是下降的程度递减 (为何如此?), 因此加大中间的缓存区 (让产线看来像两个分离的短线) 有助于生产率的提高;

(iii) 也因此在服务总量 (各站服务时间之和) 不变的状况下, 就总的生产率来说服务时间加倍的两条短线好过一条长线. (注意: 产线的设计还有其他考量, 如操作复杂程度、学习过程、进料取料的难易等) □

1. 生产线上缓存区设定的问题

上例是一个理想的简化状况 (唯其简单, 故而易解), 在实际情况下, 各个服务时间的均值与变易系数都不会完全相同, 因此各缓存区的等候空间也无须一样. 等候空间的设定在生产线的设计上常被当作一个研究课题. 在已知各服务时间分布的情况下, 也能利用最优化的理论帮助决定等候空间的大小. 另一方面, 生产工作调度有其复杂性. 为了避免因生产操作员的旷工造成停产, 在管理上, 就会要求每个人员学习两种或更多不同的作业 (operations), 以便随时可以替代旷职者的工作. 随之而来的是, 操作员必须进行工作轮换, 以保持对已习得的每种作业的熟练. 但是不同的人员从事同种作业会有不同的服务时间分布 (图 2.9), 此外, 由图 2.10 的学习曲线可知, 随着技术的逐渐熟练, 操作时间的均值与变易系数也都会改变. 以上种种的异动意味着: 等候空间也应跟着调整以维持高产率. 然而, 这种动态式的调整在执行与管理上既不方便, 也不实际. 下面就针对此问题再作进一步的讨论.

首先, 每一个工作站都可视为一个近似于单一服务台的系统, 而以上游紧邻工作站的离去过程作为自己的到达过程, 由 (7.12)

$$A-\frac{1+\lambda/\mu}{2}\leqslant Q\leqslant A$$

其中 Q 是工件等候服务的平均个数,

$$A=\frac{\lambda^2(\sigma_a^2+\sigma_S^2)}{2\,(1-\lambda/\mu)}=\frac{CV_a^2+(\lambda/\mu)^2CV_s^2}{2(1-\lambda/\mu)}$$

倘若 $\lambda/\mu<0.7, CV_a\in(0.1,0.6), CV_s\in(0.1,0.6)$, 则 $A<(0.6)^2(1+0.7^2)/[2(1-0.7)]\approx 0.9$. 典型的状况是:$\lambda/\mu\in(0.85,0.95), CV_a=0.3, CV_s=0.3$. 那么 A 就介于 0.52 与 1.71 之间.Q 值很少会大于 2. 如果没有等候空间的限制, 在 $\lambda/\mu\approx 0.95$ 时, 工作站前的队长分布将近似于指数分布 (为什么?), 那么队长大于或等于 4 或 5 的概率就分别约为 $1-e^{-4/1.71}=0.095$ 或 $1-e^{-5/1.71}=0.053$.

另一方面, 在不同 CV_1, CV_2, B 以及 $(E[S_1],E[S_2])$ 的组合下, 从表 7.4 中依仿真法提供 TP 的估计值 (此处 TP 的最大值可能值为 1) 可看出: 当 $(E[S_1],E[S_2])=(1,1)$ 时, TP 值最低. 随着差别变大或缓存区 (B) 的增加, 其值变高. 由于鲜有

$E[S_1]=E[S_2]$ 的情形 (此为生产线完全平衡, 如图 7.6 的状况), 在一般情况下, 当 $B=4\sim5$ 时, 生产率因缓存区的限制而造成的损失将少于 2%~3% (如表 7.4 中粗体数字所示).

表 7.4　在不同参数组合下的生产率 (TP) 估计值

CV_1	CV_2	B	($E[S_1]$, $E[S_2]$)				
			(1.000, 0.850)	(1.000, 0.925)	(1.000, 1.000)	(0.925, 1.000)	(0.850, 1.000)
		2	0.969	0.947	0.915	0.943	0.963
0.6	0.6	5	0.996	**0.988**	0.960	**0.984**	0.994
		8	1.000	1.000	0.977	1.000	1.000
		2	0.993	0.969	0.934	0.963	0.976
0.6	0.2	5	1.000	**1.000**	0.976	**0.993**	0.996
		8	1.000	1.000	0.987	1.000	0.998
		2	0.981	0.968	0.942	0.974	0.988
0.2	0.6	5	0.996	**0.991**	0.968	**0.990**	1.000
		8	0.997	0.996	0.984	1.000	1.000
		2	1.000	1.000	0.985	1.000	1.000
0.2	0.2	5	1.000	**1.000**	0.993	**1.000**	1.000
		8	1.000	1.000	0.996	1.000	1.000

讨论至此, 有必要把上面的论述作一个总结:

(i) 生产线上缓存区的设置可以有效地管控在制品 (WIP) 的数量, 因而缩短生产周期;

(ii) 人工操作时间的变异系数 $CV\in(0.1,0.6)$, 而多数情况是介于 0.2 与 0.4 之间;

(iii) 前后操作时间均值 ($E[S_1]$, $E[S_2]$) 之差越大, 则 CV 和 B 对生产率的影响越小;

(iv) 人工操作时间分布因人而异, 而工作轮换则为常规;

(v) 工作轮换政策应顾及学习过程的影响, 在此过程中操作时间均值与变异系数都会改变;

(vi) 缓存区的等候空间以 4~6 为宜;

(vii) 缓存区可视作“波动吸收器”. 减少变异对管控 WIP, 缩短生产周期至为重要.

例 7.3 (硬盘装配线设置缓存区的前后比较)　在 20 世纪 80 年代, 因为美国市场受到日本产品强大的冲击, 许多公司纷纷仿效日式生产模式. 其中最常用的方法称作 Kanban 制, 其实就是在生产流程中设置缓存区 (事实上早在 20 世纪 50 年代, 缓存区对生产线绩效的分析就在美国学术期刊上登载讨论过), 以期在不影响生产率的前提下, 控制在制品的总数, 从而降低生产周期与成本. 在此例中共有 12 工作站, 平均每日生产大型硬盘 203 件. 在设置缓存区之前, 各站 WIP 的平均数列于表 7.5 中第二行, 共计 377 件.

表 7.5

工作站	1	2	3	4	5	6	7	8	9	10	11	12
平均 WIP	84	31	19	11	32	22	69	24	5	6	54	20
工作台数 k	2	3	2	1	2	5	1	3	1	3	25	1
$E[S]/k$(分)	5.1	5.0	3.0	4.2	4.8	2.9	4.2	4.0	4.8	4.0	4.6	4.2
CV	0.6	0.5	0.4	0.5	0.2	0.2	0.5	0.5	0.5	0.2	0.2	0.5
缓存区,B		6	4	4	6	2	2	2	2	2	4	2
							[23]				[30]	

注: 最后一行的 B 值没有一个需要超过 6

操作时间均值 $E[S]$ 除以各站工作台数的值 (以分钟计) 以及操作时间变异系数 CV, 分别列于第四、五行. 缓存区的等候空间的设定值 (第六行) 被提出后, 生产经理要求第 7 站与第 11 站的 B 值分别由 2 和 4 大幅增加到 23 和 30. 前者的增加是因为 1~6 站和 7~12 站分属两个部门, 而后者仅仅是由于第 11 站 (自动测试作业) 有 25 个工作台.

在设置缓存区后, 通过实际观察, 平均日产量为 210 件, 而 WIP 均值降至 170 (全距范围在 140~200). 生产周期由 377/203=1.86 天缩减为 170/210=0.81 天. □

在结束本节讨论之前, 尚有一点值得提出.

2. 封闭回路生产方式

除了利用缓存区来管控 WIP, 还可以限制生产线上在制品的总量, 而维持在一个固定常数. 只有一个工件离开生产线时, 才能投入制作下一个新产品原料. 这方法可称为“封闭回路生产方式” (closed-loop policy). 以图 7.3 为例, 如 n 个工作站的 $n-1$ 个缓存区各有 4 个等候空间, 则最大在制品总量即为 $n+4(n-1)$. 读者可以自行用仿真法或下一节讨论的密闭网络模型求证: 适当的限制能大幅降低 WIP 总量 (一般为 30%~40%) 而不至影响生产率.

7.5 网络系统模型

生产线若出现返工再制的情形, 就不再是单纯的纵列结构了. 图 7.7 的制造过程需要三道装配工序完成产品, 产品送出前要通过测试, 测试合格率为 p, 不合格者经由返工, 再回第二道工序重制.

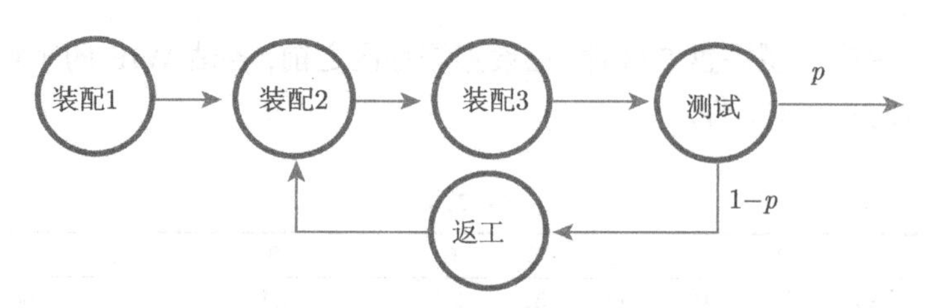

图 7.7 可返工的生产线

这样的系统可用网络模型来作分析. 令

M 为服务站 (在生产线上称工作站) 的总数;

λ 为顾客 (由网络外部) 进入服务系统的到达率;

r_i 为到达顾客选择服务站 i 的概率, i=1,2,$\cdots$, M, $\sum_i r_i = 1$(λ_i=λr_i= 由网络外部进入服务站 i 的到达率, i =1, 2, $\cdots$, M);

k_i 为服务站 i 的服务台数目;

μ_i 为在服务站 i 的各台服务率;

b_{ij} 为顾客 (生产行为中的工件) 在服务站 i 完成服务后加入服务站 j 队列的概率;

b_{i0} 为顾客在服务站 i 完成服务后离开系统的概率. $\sum_{j=0}^{j=M} b_{ij} = 1$; a_i 为一个顾客进入网络服务系统后, 平均加入服务站 i 队列的次数.

由于在平衡状态下, 每一个服务站看到 (由外部和内部) 的到达率等于离去率, 所以

$$a_j = r_j + \sum_{i=1}^{M} b_{ij}a_i, \quad j = 1, 2, \cdots, M \tag{7.28}$$

利用上式中的 M 方程式解出 $\{a_j, j = 1, 2, \cdots, M\}$. 如果是生产行为, 假定工作站 h 是制造程序的最后一个作业, 那么 $q_j = a_j/(a_h b_{h0})$ 就是完成一件产品, 需要经由工作站 j 作业的平均次数, 也因此 $\{q_j\}$ 称为 “启动因子” (start factor). 倘若每日有效生产时间为 TT, 那么每日产能 (平均每天生产数量)

$$C = \min\{k_j\mu_j TT/q_j \quad |j = 1, 2, \cdots, M\}$$

例 7.4 (生产线的产能估算) 假设一条生产线的流程如下:

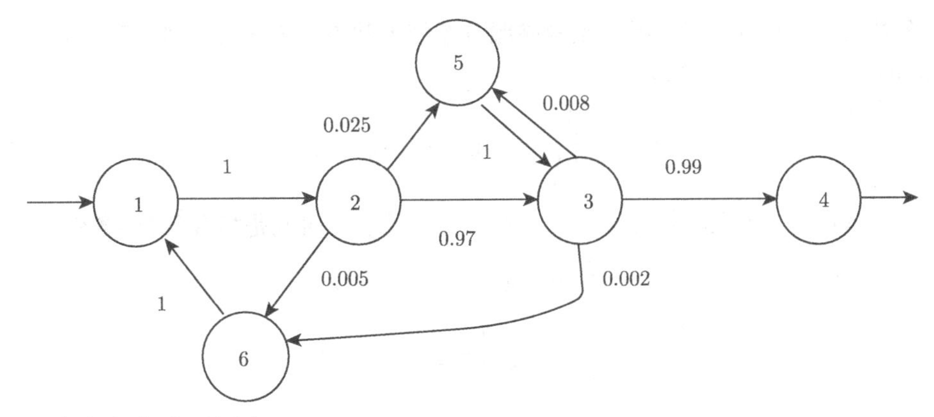

流程方程式可写为

$$
\begin{aligned}
a_1 &= a_6 + 1 \\
a_2 &= a_1 \\
a_3 &= 0.97a_2 + a_5 \\
a_4 &= 0.99a_3 \\
a_5 &= 0.025a_2 + 0.008a_3 \\
a_6 &= 0.005a_2 + 0.002a_3
\end{aligned}
$$

解此联立方程式得

$$(a_1, a_2, a_3, a_4, a_5, a_6) = (1.0071, 1.0071, 1.0101, 1.0000, 0.3326, 0.0071)$$

因为第四站是最后工序, 而且 a_4=1, 故 $q_j = a_j$,j=1, 2, $\cdots$,6.

一日三班各 8 小时, 每一班平均减去时间共计 1.2 小时, 包括: (i) 调机 0.20 小时, (ii) 设置 0.20 小时, (iii) 两次休息共 0.50 小时, (iv) 清理工作台 0.15 小时, (v) 部门会议 0.15 小时. 则平均每日有效生产时间 TT=3×(8−1.2)=20.4 小时.

各工序平均操作时间以分钟计分别是 (s_1, s_2, s_3, s_4,s_5, s_6)=(4.0, 4.5, 3.8, 4.2, 4.3, 9.0). 以 $TT/(q_j \times s_j/60)$, 得到各工序平均每日可生产的件数分别是: (309, 270, 319, 291, 8559, 19275). 所以生产线的产能为每日 270 件. □

在第 3 章和第 5 章中论及 $M/M/1$ 与 $M/G/\infty$ 队列离去过程是泊松过程. 第 2 章又证论过泊松分裂的子过程以及相互独立泊松过程的叠合过程也是泊松过程. 事实上, 如果

(i) 由外部进入各服务站的顾客, 各自为相互独立的泊松过程,

(ii) 各服务站 (ii.a) 或者具有指数分布的服务时间 (看似 $M/M/k$ 队列),(ii.b) 或者是一般服务时间但有无穷多的服务台 (看似 $M/G/\infty$ 队列),

那么以 $\lambda, \{a_j, k_j, \mu_j\}$ 为参数, 该网络服务系统的状态 (各站的队列长度) 为 $\bar{n} = (n_1, n_2, \cdots, n_M)$ 的概率即为

$$P(\bar{n}) = \prod_{j=1}^{M} p_j(n_j), \quad n_j = 0, 1, 2, \cdots \tag{7.29}$$

让 $\rho_j = \lambda a_j / \mu_j$. 如果在第 j 站的服务台数有限而服务时间是指数分布 (条件 ii.a),

$$p_j(n_j) = \begin{cases} S_j^{-1} \dfrac{(\rho_j)^{n_j}}{n_j!}, & n_j < k_j \\ S_j^{-1} \dfrac{(\rho_j)^{n_j}}{k_j!(k_j)^{n_j - k_j}}, & n_j \geqslant k_j \end{cases}$$

其中

$$S_j = \sum_{n_j=0}^{k_j-1} \frac{(\rho_j)^{n_j}}{n_j!} + \sum_{n_j=k_j}^{\infty} \frac{(\rho_j)^{n_j}}{k_j!\,(k_j)^{n_j-k_j}} \tag{7.30}$$

如果第 j 站的服务台数无限 (条件 ii.b), 则

$$p_j(n_j) = S_j^{-1} \frac{(\rho_j)^{n_j}}{n_j!}, \quad n_j = 0, 1, \cdots$$

$$S_j = \sum_{n_j=0}^{\infty} \frac{(\rho_j)^{n_j}}{n_j!} = e^{\rho_j} \tag{7.31}$$

(7.29) 的结构称为“乘积形式解”(product form solution). 这个形式的特征是各服务站的队长分布互为独立. 在泊松到达过程的前提下, 除去上述条件 (ii.a) 与 (ii.b) 之外, 尚有两种情况也具有乘积形式解: (ii.c) 共同占用的单一服务台, (ii.d) 后到者抢占的单一服务台. 由于此二类情况并不常见, 此处就不再讨论. 读者有兴趣可参阅相关文献 (Baskett et al., 1975).

封闭网络系统

封闭网络是指在网络里的顾客数维持不变. 如图 4.2 所示的模型有 n 个人维修 m 部机器即是一例: 可想象为 m 顾客在由两个服务站构成的封闭网络中, 顾客在代表机器的服务站时, 机器运转良好, 顾客转到代表维修员的服务站时, 就处在停机维修状态. 当 $m \gg 1$ 时, 为了计算便利, 则模型也可改为一个 $M/G/n$ 队列 (为什么? 其到达率为何?). 又如在 7.4 节尾提出的封闭回路生产方式, 也可视为一个封闭网络. 再如大型电子计算机的操作系统, 在一段时间内, 只允许固定程式组合使用硬件 (中央处理器、主体记忆与硬盘储存器), 故而也常用封闭网络模型来进行绩效分析.

在封闭网络中, 作为顾客造访各站的相对频率的 $\{a_i\}$ 必须满足下列方程式:

$$a_j = \sum_{i=1}^{M} b_{ij} a_i, \quad j = 1, 2, \cdots, M \tag{7.32}$$

由于 $b_{i0}=0, i=1,2,\cdots,M, \sum_{j=1}^{M} b_{ij}=1$.(7.32) 只有 $M-1$ 个独立方程式. 为了方便计算, 可以先假定 a_1=1, 再用 (7.32) 计算出其他的未知数 $\{a_j, j=2,3,\cdots,M\}$.

如果服务站的假设与前 (ii.a) 和 (ii.b) 相同, 则乘积形式解依然成立, 但是由于顾客总数被限定为 N, (7.29) 改写为

$$P(\overline{n})=G(N)\prod_{j=1}^{M} p_j(n_j), \quad n_j=0,1,2,\cdots,\sum_{j=1}^{M} n_j=N. \tag{7.33}$$

$\bar{n}(n_1,\cdots,n_M|n_1+\cdots+n_M=N), G(N)$ 是一个符合 $\sum\limits_{n_1+\cdots+n_M=N} P(\bar{n})=1$ 的未定系数.

令 $\rho_j=a_j/\mu_j$. 如果在第 j 站的服务台数 $k_j<N$,

$$p_j(n_j)=\begin{cases} S_j^{-1}\dfrac{(\rho_j)^{n_j}}{n_{j!}}, & n_j<k_j \\ S_j^{-1}\dfrac{(\rho_j)^{n_j}}{k_{j!}(k_j)^{n_j-k_j}}, & n_j\geqslant k_j \end{cases}$$

其中

$$S_j=\sum_{n_j=0}^{k_j-1}\frac{(\rho_j)^{n_j}}{n_{j!}}+\sum_{n_j=k_j}^{N}\frac{(\rho_j)^{n_j}}{k_{j!}\,(k_j)^{n_j-k_j}} \tag{7.34}$$

如果在第 j 站的服务台数 $k_j\geqslant N$,

$$\begin{aligned} p_j(n_j)=&S_j^{-1}\frac{(\rho_j)^{n_j}}{n_{j!}}, \quad n_j=0,1,\cdots,N \\ S_j=&\sum_{n_j=0}^{N}\frac{(\rho_j)^{n_j}}{n_{j!}} \end{aligned} \tag{7.35}$$

在开放网络中的每个队列分布可以分开来计算, 故 (7.29)~(7.31) 的算法十分简单. 而封闭网络的情况却大不一样, 由于各站队长总和是一常数, 计算就变得复杂许多. 因为这个原因 20 世纪 70~90 年代不少论文都在讨论计算方法. 从实用观点来看, 数学模型本身只是真实系统的逻辑与参数结构体, 因此一个简单的近似解比之繁复的计算更为合理而有用. 下面介绍的就是符合此概念的一种近似算法.

固定平均群数法 (fixed population mean method)

(i) 选定一服务站当做网络的进出口 (网络改变为开放式).

(ii) 假设泊松到达过程, 并选取到达率 λ 之值.

(iii) 用 (7.29)~(7.31) 计算各站队长分布以及平均队长的总和 $\overline{N}$.

(iv) 如$\overline{N}$与N之差过大, 调整 λ 之值 ($\overline{N}<N$, 则降低 λ 值, 反之则增加其值).

(v) 重复 (iii) 与 (iv) 直到 $|\overline{N}-N|$ 成为可接受的差异为止.

由于 $\overline{N}$ 是 λ 的增函数, 这个方法很快就可找到适当的 λ 值以求得近似解.

例 7.5 (固定平均群数法对机器维修问题的分析) 沿用类似例 4.1 机器维修问题, 假设一个工作人员负责维修 10 部机器 (在例 4.1 中, $m=10, n=1$). 机器平均 50 小时需要维修, 每次费时平均为 2 小时, 这两段时间都是指数随机变数. 以 X 代表正在维修与待修, 令 $p(x)=P[X=x]$. 由 (7.33),(7.34) 得

队长分布:$(p(0),p(1),p(2),\cdots)$=(0.622, 0.249, 0.090, 0.029, 0.008,0.002,$\cdots$);

平均维修与待修总数: $L_1=\sum_x xp(x)$=0.558;

维修通报率: $\lambda=\sum_x (10-x)(1/50)\,p(x)=0.189\text{h}^{-1}$;

机器维修平均延误时间:$d=(L_1/\lambda)-2=0.959$h;

维修人员使用率: $u=1-p(0)=0.378$;

机器可用率: $r=50/(50+2.959)=0.944$.

在使用固定平均群数法时, 首先把此系统看成两个成 1 纵列服务站, 维修人员在前,10 部机器在后. 到达率 λ=0.1 时, 结果为: $L_1=2\lambda/(1-2\lambda)=0.25$, 平均正常运转机器数 L_2=5.036(后者由 (7.30) 而来). 所以平均群数: $L=L_1+L_2=5.286<10$. 经过对 λ 的 4 次调整:

$$(\lambda, L)=(0.1,5.286),(0.15,8.849),(0.16,10.107),(0.159,9.960),(0.1593,10.004)$$

$|L-10|/10<0.1\%$.

因而计算中止. 此时,

$(p(0),p(1),p(2),\cdots)$=(0.682, 0.217, 0.069, 0.022, 0.007,0.002,$\cdots$);

机器维修平均延误时间: d=0.935h;

维修人员使用率: u=0.319;

机器可用率: r=0.945. □

第8章　案例分析与实务

前面各章讨论了随机服务系统的到达过程、服务时间以及不同的队列模型，其中也掺入了许多例子以帮助说明这些结果如何应用于现实世界. 本章则进一步介绍两则完整的实例，从中应可看出在处理这些问题时，随机服务系统扮演了何种角色.

设置队列模型的最终目的是要解决实际问题，因此，必须关注 (i) 模型的结构、参数与假设条件的真实性，(ii) 求解方法的合理性. 8.3 节将对这方面作实务上的评论.

8.1　高速公路救援系统

20 世纪 70 年代美国加州洛杉矶曾经启动一项大规模的高速公路交通监控专案，包括圣塔莫尼卡 (Santa Monica)、哈柏 (Harbor) 以及圣地亚哥 (San Diago) 的三条高速公路 (图 8.1)，服务范围涵盖市中心，洛杉矶加州大学，南加州大学以及洛

图 8.1　洛杉矶三条主要的高速公路

杉矶国际机场等处, 全长 42 英里或单向 84 英里 (1 英里等于 1.6 公里), 共有 56 交流道. 每条车道内, 间距约 0.5 英里 (0.8 公里) 的环形线圈探测器 (loop detector) 把获取的资料传至管制中心的计算机, 基本记录包括车流量、密度、平均速度、交通事故发生的时间、地点以及障碍排除所用的时间.

图 8.2 记录 1973 年 3 月份周一至周五 (共计 22 天)6:45~8:45am 内, 车辆事故发生的时间. 假定周一至周五早晨拥挤时段, 除了随机波动上的差异外, 交通状况基本上"相似", 那么在不同的日子里, 事故发生的随机过程也具同一性. 从直觉上来说, 交通事故的发生应为稀有事件, 所以发生时刻近于泊松过程. 如第 2 章的论述, 检验的方法分三个方面:

(i) 把图 8.2 中 22 天事故发生的间隔整理为直方图并与均值同为 12.17 的指数分布 (均值与标准差相等) 相比较, 由图 8.3 可见二者差异不大.

(ii) 以 40 分钟作为一观察时段, 22 天中每天两小时, 共计 66 时段. 各时段内事故发生的次数的均值为 2.76, 方差为 2.67, 其直方图与同一均值的泊松分布 (均值与方差相等) 比较置于图 8.4.

(iii) 最后, 22 天中各个同一个五分钟时段内事故发生次数的总计列于图 8.5. 均值为 7.58, 标准差 3.12. 而最大值与最小值分别为 13 和 1. 对于介于 (1,13) 均匀分布的均值与标准差分别为 $7(=(1+13)/2)$ 和 $3.46(=(13-1)/12)$. 图 8.5 显示在首尾 (6:45am 与 8:45am) 两个时间点附近的时段, 数值稍低, 但是其他各个五分钟时段内, 事故发生的强度大体相当.

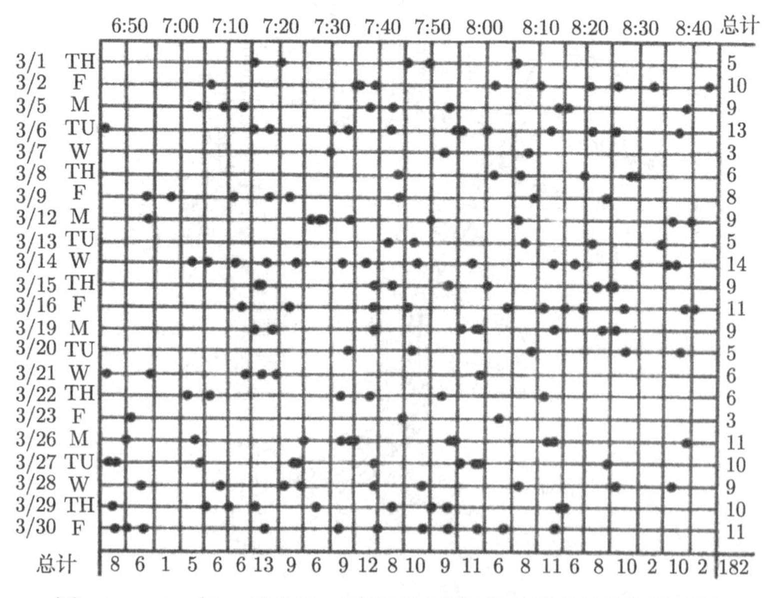

图 8.2　1973 年 3 月份周一至周五早晨拥挤时段事故发生的时刻

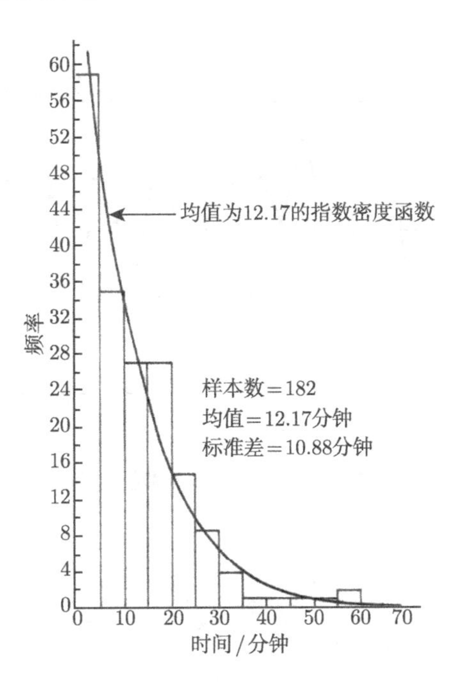

图 8.3 事故发生的时间间隔

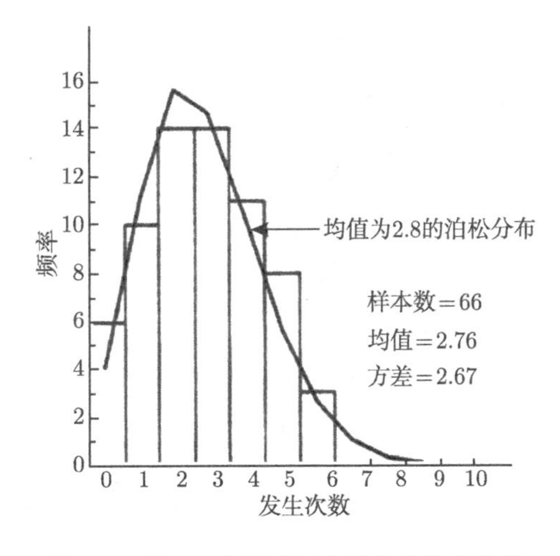

图 8.4 每 40 分钟时段内事故发生的次数

依此三项观察结果, 可认为高速公路上事故发生的模式近似泊松过程 (见 2.1 节的讨论). 但是, 发生事故的地点却非均匀分布. 对应着探测器的位置, 在图 8.6 中公路被划分为许多区段. 区段内的数字代表在 22 天里上午两小时内发生事故的次数. 每个数目除以总数 (=182 次事故) 就是事故发生在该地点的概率的估计值.

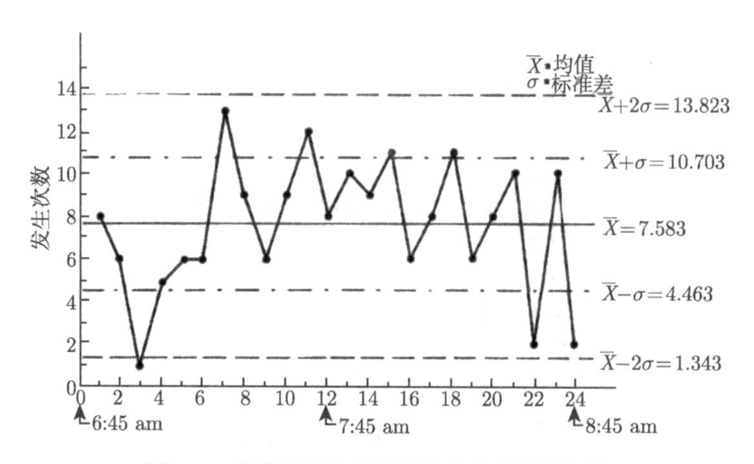

图 8.5　各连续五分钟间隔内事故发生的次数

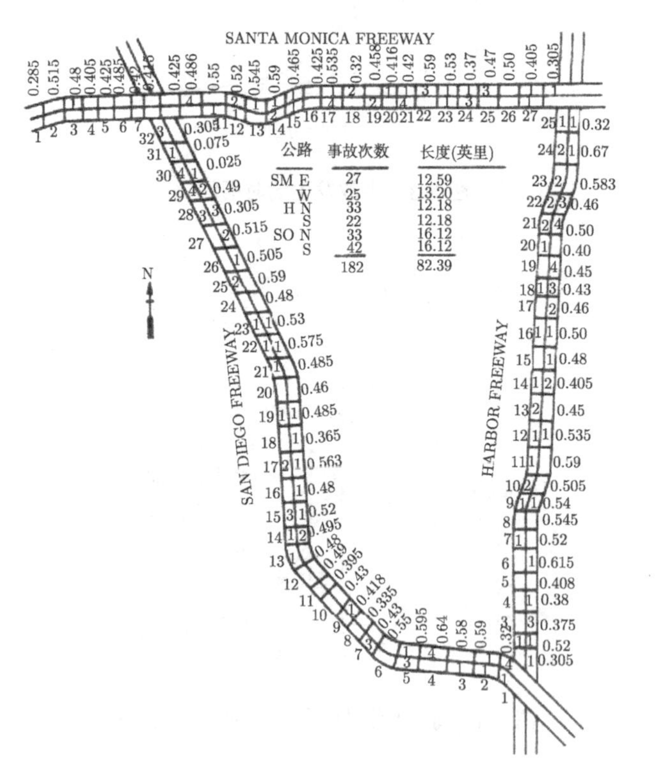

图 8.6　1973 年 3 月份早晨拥挤时刻各区段事故发生的次数

发生的事故如需外来的援助, 可通过公路巡警或电信设施, 如路边的紧急电话 (call box) 请求支援. 由救援记录整理出回应时间 (response time, 从呼救到支援者抵达事故现场的时间间隔) 与现场服务时间 (on-site service time). 二者的时间分布显示于图 8.7(记录呼救总数 102 次) 与图 8.8(记录服务次数 84 次). 其样本数少于图 8.2 报告的 182 次, 是由于救援记录本身不够完全. 现场服务时间的分布与第 2 章讨论的人工操作时间分布类似, 都是右偏的分布, 而 $CV = 6.99/10.8 = 0.65$ 接近人工组装时间 CV 的上限 (参见 (2.18)), 但是远低于修理时间的 CV 值 (参见图 2.12 及图 2.13).

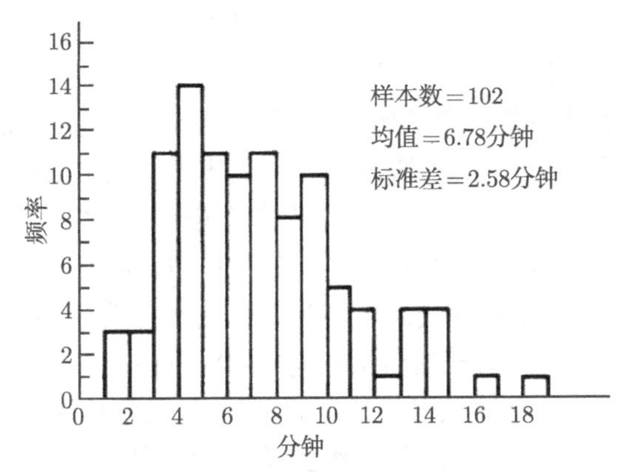

图 8.7 事故呼救的回应时间分布

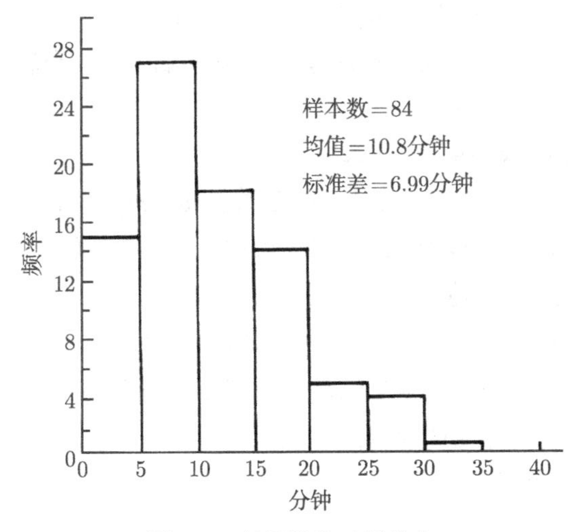

图 8.8 现场服务时间分布

前述的环形线圈探测器长 $l = 6$ 英尺 (1 英尺 = 30.48 厘米), 除了会感应到经过的汽车, 还可以估计自身的“被占率”(occupancy). 前者记录了车流量 q(每小时车辆通过的次数), 后者可用来估计公路上车辆的密度, d(每英里内平均车辆数, 1 英里 = 5280 英尺). 以 m 代表车辆的平均长度 (假设为 15.4 英尺), occ 为被占率, 而 h 为前后车辆的间距 (distance headway, 由前一辆的车头到后一辆的车头),

则 $\text{occ} = (l+m)/h = (6+15.4) \times d/5280$, 或者写为 $d = 246.73 \times \text{occ}$. 平均行车速度 $v = q/d$. 因此, 行车距离就可算出行车的时间.

从救援服务系统的观点来看, 到达过程为泊松过程, 发生率为 $\lambda = 182$ 次/[(120 分钟/天) $\times$ 22 天]= 0.069(次/分钟). 回应时间由延误时间 (救援车辆正服务其他事故) 和救援车辆行车到现场所需时间组成. 由于紧急救援车辆通常会有极高的可用率 (availability), 延误时间所占部分极少, 所以系统的服务时间约等于回应时间、现场服务间与车辆返回服务站的时间之和.

规划一个公路紧急事故的救援服务系统时, 主要考量是 (i) 设置救援站以及相关设施 (包括救援车辆与人员) 的成本, (ii) 对受困者所提供的服务质量 (主要关注点在于: 回应时间及车辆可用率). 付出越多质量越高, 因此二者之间利害权衡就成为一个优化问题. 下面先从一个相对简单的数学模型谈起.

在逻辑上, 前述的三条高速公路可视为一个线性关系, 并依 $n(=84)$ 个探测器设置的地点分成 n 个区段 (每一段包括双向来回), 可由任一区段为第一区段. 以区段内发生事故的频率来估计事故发生地点的概率, 以及事故地点和救援站之间的行车的距离与时间. 假定沿线, 在交流道附近, 有 m 个可以被选作救援站的地点. 令

N_j 为 j 区段发生事故的次数, $N = N_1 + \cdots + N_n$;

x_i 为救援站 i 拥有救援车辆数, $i = 1, 2, \cdots, m$;

$l_i(x_i, k_i)$ 为由第 $k_i + 1$ 区段开始起算, i 站在拥有 x_i 车辆时, 可服务的最大范围;

(已知 $1, \cdots, k_i$ 区段由前 $i-1$ 站负责)

$|\, l_i(x_i, k_i)| = l_i(x_i, k_i)$ 涵盖的区段数, 也称基数 (cardinality);

r_{ij} 为由 i 站到在 j 区段发生事故现场的平均回应时间;

s 为现场服务时间的均值;

t_{ji} 为在 j 区段服务完毕后返回 i 站平均所需的时间;

T_{ij} 为 $r_{ij} + s + t_{ji}$(由 i 站派车处理发生在 j 区段事故的平均服务时间);

Y_i 为 i 站正在或尚待处理的事故数量;

u 为平均回应时间的上限;

v 为可用率下限.

$S_i(b)$ 为在符合 (u, v) 条件下, 当 $1, 2, \cdots, i$ 站共有 b 辆救援车时, 可以涵盖的最多区段因为事故的发生近似泊松过程, 又因为对系统可用率有极高的要求, 如例 5.1 所示, 可以选择用 $M/G/\infty$ 队列模型来检验可用率:

$$P[Y_i < x_i] \approx \sum_{y=0}^{x_i - 1} \frac{(\lambda_i R_i)^y}{y!} e^{-\lambda_i R_i} \tag{8.1}$$

$$\lambda_i = \lambda \sum_{j \in l_i(x_i,k_i)} N_j/N \tag{8.2}$$

$$R_i = \sum_{j \in l_i(x_i,k_i)} T_{ij}N_j \Big/ \sum_{j \in l_i(x_i,k_i)} N_j \tag{8.3}$$

上式中的 λ_i 与 R_i 分别是 i 站所见的到达率与平均服务时间. 优化模型可写成

$$\min \quad Z = x_1 + x_2 + \cdots + x_m \tag{8.4}$$

其中

$$r_{ij} \leqslant u, \quad i = 1, \cdots, m, j \in l_i(x_i, k_i) \tag{8.5}$$

$$P[Y_i < x_i] \geqslant v, \quad i = 1, 2, \cdots, m \tag{8.6}$$

$$x_i = 0, 1, 2, \cdots, \quad i =, 1, 2, \cdots, m$$

求解的办法可用动态规划的概念: 以 $S_0(b) = 0, b \geqslant 0$ 为起始条件, 依 $i = 1, 2, \cdots, m$ 的顺序, 在确定符合 (8.5) 和 (8.6) 的条件下, 反复运用下列循环式:

$$S_i(b) = \max_{x_i=0,1,\cdots,b} \{S_{i-1}(b - x_i) + |\ l_i(x_i, k_i)\ |\} \tag{8.7}$$

则最终答案为

$$\min\{b \mid S_m(b) \geqslant n\} \tag{8.8}$$

换而言之, 这是在符合 (8.5) 和 (8.6) 的条件下, 能涵盖所有区段所需的最少救援车辆数. 整理以上的讨论, 可以写成一套运算程序:

运算程序 8.1(最少救援车辆数) (1) 选择救援站适合的位置. 以符号与数字 $i = 1, 2, \cdots, m$ 为站号.

(2) 把公路分为适当数目的区段. 以符号与数字 $j = 1, 2, \cdots, n$ 为区号.

(3) 计算各站至各区段往返的车行时间: r_{ij} 和 t_{ji}.

(4) 计算现场平均服务时间 s 以及由 i 站至 j 区救援车被占用的平均服务时间 T_{ij}.

(5) 计算各区段事故发生率, λ_j(见 (8.2)).

(6) 决定平均回应时间的上限 u 和救援车可用率的下限 v.

(7) 设定起始条件: $S_0(b) = 0$, $b \geqslant 0$, $S_0(b) = -\infty$, $b < 0$, 以及 $l_0(x_0, k_0) = 0$, $x_0, k_0 \geqslant 0$ 为整数.

(8) 令 $i = 1$.

(9) 以 $x_i = 0, 1, \cdots, b$ 计算.

(i) $k_i = S_{i-1}(b - x_i)$;

(ii) $l_i(x_i, k_i) = \{k_i + 1, \cdots, h\}$, 其中 h 是符合 (8.2), (8.3), (8.5), (8.6) 的最大区号.

(10) 检视 x_i 值, 用 (8.7) 找出最优的 $S_i(b)$.

(11) 如 $i < m$. 则 $i \leftarrow i+1$. 回到 (9), 继续后面救援站的运算. 如 $i = m$, 程序完成. □

例 8.1 (动态规划运算过程的示范) 假定 $m = 3$, $n = 6$, 不同数量救援车在各站可以涵盖的区段列于表 8.1.

表 8.1

i	x_i	可涵盖的区段
1	1	{1,2}
	⩾ 2	{1,2,3}
2	1	{1}或 {2,3}
	2	{1,2}或 {2,3,4}
	⩾ 3	{1,2,3,4,5}
3	1	{3}或 {4,5}或 {5,6}
	⩾ 2	{3,4,5,6}

运算过程:

$i = 1 \quad S_1(0) = 0,\ S_1(1) = 2^*(x_1 = 1),\ S_1(2) = 3^* \quad (x_1 = 2)$

$i = 2 \quad S_2(1) = \max\{S_1(0) + l_2(1,0)\} = 1$

$\{S_1(1) + l_2(0,0)\} = 2^* \qquad (x_1, x_2) = (1, 0)$

*表示最大值

$S_2(2) = \max\{S_1(0) + l_2(2,0)\} = 2$

$\{S_1(1) + l_2(1,2)\} = 3^* \qquad (x_1, x_2) = (1, 1)$

$\{S_1(2) + l_2(0,3)\} = 3^* \qquad (x_1, x_2) = (2, 0)$

$S_2(3) = \max\{S_1(0) + l_2(3,0)\} = 5^* \qquad (x_1, x_2) = (0, 3)$

$\{S_1(1) + l_2(2,2)\} = 4$

$\{S_1(2) + l_2(1,3)\} = 3$

$\{S_1(3) + l_2(0,3)\} = 3$

$i = 3 \quad S_3(1) = \max\{S_2(0) + l_3(1,0)\} = - \qquad j = 1, 2$ 未包括在内, 故非解答

$\{S_2(1)+l_3(0,2)\} = 2^* \qquad (x_1, x_2, x_3) = (1, 0, 0)$

$S_3(2) = \max\{S_2(0) + l_3(2,0)\} = -$

$\{S_2(1)+l_3(1,2)\} = 3^* \qquad (x_1, x_2, x_3) = (1, 0, 1)$

$\{S_2(2)+l_3(0,3)\} = 3^* \qquad (x_1, x_2, x_3) = (2, 0, 0)$

$S_3(3) = \max\{S_2(0) + l_3(3,0)\} = -$

$\{S_2(1)+l_3(2,2)\} = 6^* \qquad (x_1, x_2, x_3) = (1, 0, 2)$

$\{S_2(2) + l_3(1,3)\} = 5$

$\{S_2(3) + l_3(0,0)\} = 5$

当运算过程走到 $i=3, b=3$ 时, 3 个救援站和 6 个区段都被包含在内, 所以运算完毕, 最优解为 $(x_1, x_2, x_3) = (1, 0, 2)$. □

沿着三条高速公路的交流道附近, 选出 20 个可设置救援站的地点, 以圆圈标示于图 8.9. 要求条件为 (i) 平均回应时间不超过 $u = 10$ 分钟, 以及 (ii) 救援车可用率最低为 $v = 0.95$, 利用运算程序 8.1 得到的最少车辆数的解:

分别在 $i = 1, 5, 7, 10, 15$ 配置 2 辆救援车 (图 8.9 括号内的数字).

服务的区段以双向箭头标示. 箭头之间的数对应各救援站的编号.

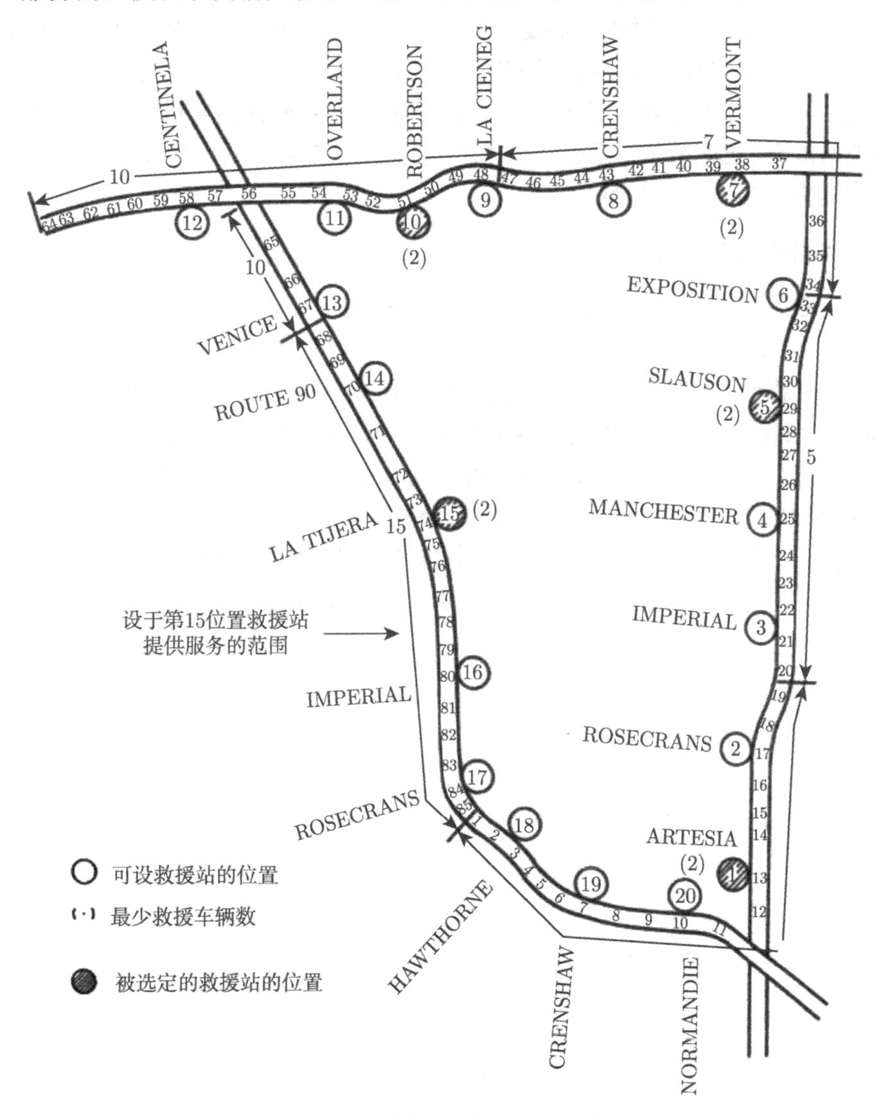

图 8.9 救援站的位置及车辆数

当作为目标函数的 (8.4) 式改为总设置成本时, 可以改写为 $\sum_i a_i\delta_i(x_i)+cx_i$, 其中 a_i 为救援站的设施成本, 如 $x_i>0$ 则 $\delta_i(x_i)=1$, 如 $x_i=0$ 则 $\delta_i(x_i)=0$, c 是车辆成本. 那么 (8.7) 中的 b 值就是可用的总成本. 利用同样的概念就可求得在符合 (8.5) 和 (8.6) 条件下所需的最低成本.

8.2 物料搬运系统与生产线规划

生产线制作产品的过程中需要进料与运送在制品/成品, 这些工作通常都是机械式的简单重复操作, 因此就会被分离出来自成一个"物料搬运系统"(material handling system), 对制作产品的各个工作站提供服务. 然而两系统的选择直接关系到设施的投资、生产绩效以及营运成本, 所以必须认真考虑到生产条件的各个方面. 下面将提供这样的一个案例.

1. 物料搬运系统的运作环境

首先必须了解有关产品的特点与市场状况: 某一个高科技产品因为竞争关系,

(i) 产品市场周期较短 (3~5 年), 因此必须尽快进入市场.

(ii) 在急迫进入市场后, 难免会引发设计或制造上的工程变更 (engineering changes), 这就意味着需要考虑可能的制造程序与操作时间的变更. 因而所需的生产设备与人员数目在规划阶段总不是百分之百的精确. 此外, 在投产初期, 因经验的累积, 良品率会急速提升, 这就意味着产能的增加.

(iii) 市场需求的预测也往往不是十分确定, 而且在前期与后期所需的产能会远低于高峰时期. 图 8.10 是一个典型的连续 15 季的需求预测.

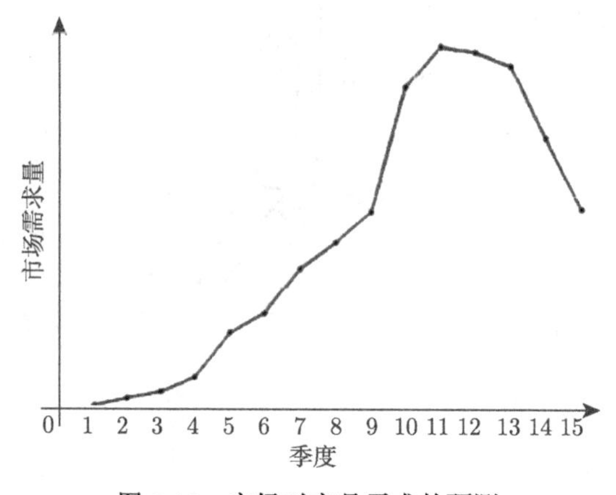

图 8.10 市场对产品需求的预测

因此物料搬运系统必须要能经受生产流程改变与工作站的增减, 且不会严重影响生产率. 在此条件下, 系统运作就要能够承载物流方向的改变. (传送带式 (conveyor) 的系统只能载运单向物流, 要适合这样的要求, 就会比较困难, 情况严重时, 甚至必须变更生产线的整体布局)

(iv) 制造过程需在等级 100 的无尘室 (class 100 clean room: 1 立方英尺空气中所有漂浮的粒子直径不得超过 5 微米, 而超过 0.5 微米的粒子不得多于 100) 中进行, 比之一般生产间, 这类无尘室设置与操作费用都十分昂贵, 各工作站使用的设备造价从数万至近于百万美元.

厂房空间以及生产设备使用率十分重要. 工作站待料概率与时间都应降至最低.

(v) 操作时间的变易, 生产的不良率以及设备可靠性是限制产能的主要因素. 为此有必要维持一定数值的在制品, 以避免因前后工作站生产速率的波动影响整体的生产率.

系统应有临时存放在制品的功能.

符合上述要求的选择是一个 AS/RS 式的物料搬运系统 (参见 5.4 节的自动存取系统). 下面就讨论在上述条件下该系统的设置与应用.

图 5.4(b) 曾提供了一个以 AS/RS 为物料搬运系统的示意图, 其中存取器 (direct access handler, DAH) 和两边的工作站构成了一个区块, 一条生产线就由一个或数个这样的区块所组成. 同一个 DAH 服务区块可容纳的工作站的数量取决于 (i) 各工作站造成物料移动的频率, (ii)DAH 所能提供的服务水平. 图 8.11 是一个 DAH 区块图, 其中的传送带担任了物料进出区块的递送功能.

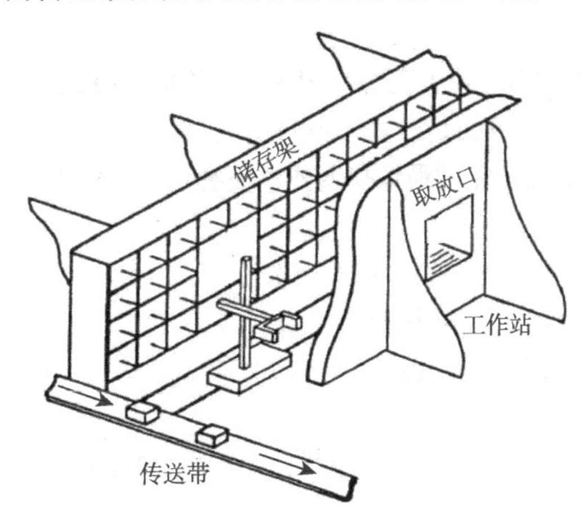

图 8.11 DAH 区块

2. 产能规划

假定制造程序有 m 种工序, 每一道工序分别由不同的工作站完成. 其中第一

类工作站进行第一道工序, 而第 m 类工作站处理最后一道. 令

n_i 为第 i 类工作站的数量, $i=1,\cdots,m$;

s_i 为工序 i 的平均作业时间;

y_i 为工序 i 的良品率 (yield);

a_i 为 i 类工作站的可用率 (availability);

b_{ij} 为在工序 i 完成的产品转至工序 j 的概率;

q_i 为工序 i 的启动因子 (见 (7.28) 与例 7.4);

f 为制作一件合格产品, 起初在工序 1 所需投入的产品平均数;

TT 为每日平均有效生产时间;

v_i 为所有 i 类工作站的日产能;

u 为产品需求到达高峰时的日需量.

在计算产能时, 工艺工程师与工业工程师必须估算好 $\{s_i\}$, $\{y_i\}$, $\{a_i\}$, $\{b_{ij}\}$ 和 TT 的数值. 由于最后一道工序是在 m 类工作站完成, 为了制作一件合格的产品, 工序的启动因子即为 $q_m=1/y_m$. 解出下列 m 维线性联立方程式:

$$
\begin{aligned}
q_1 &= f+\sum_{i=1}^{i=m} b_{ij}q_i \\
q_j &= \sum_{i=1}^{i=m} b_{ij}q_i, \quad j=2,\cdots,m
\end{aligned}
\tag{8.9}
$$

即可求得 f 以及 $\{q_i \mid i=1,\cdots,m-1\}$.

为了满足各个不同时期产品需求 (图 8.10) 的最低投入成本, 可逐步增加各类工作站来提升总体产能. 下面是一个不证自明的运算程序.

运算程序 8.2 (增加产能的最低投入成本路径) 已知: $\{s_i\}$, $\{y_i\}$, $\{a_i\}$, $\{b_{ij}\}$ 和 TT.

(1) 让 $q_m=1/y_m$, 利用 (8.9) 求得 $\{q_i\}$.

(2) 让 $n_i=1, i=1,\cdots,m$ 以及 $r=1$.

(3) 计算各类工作站的日产能: $v_i=(n_ia_iTT)/(v_is_i)$.

(4) 找出 $Q_r=\min\{v_i \mid i=1,\cdots,m\}$.

(5) 记录 Q_r 以及 $l_r=\{k \mid v_k=Q_r\}$ (l_r 记录了产能提升到 Q_r 所应该增加的工作站类别).

(6) 如果 $Q_r<u$(最高的日需量), 让 $n_k\leftarrow n_k+1, k\in l_r$, 以及 $r\leftarrow r+1$. 回到第 3 步, 继续按程序进行运算.

反之, $Q_r\geqslant u$. 停止运算. 记录结果: $\{Q_r \mid r=1,2,\cdots\}$ 及其对应的 $\{l_r \mid r=1,2,\cdots\}$. □

这套程序运算过程中, 每次每一类别, 最多只能增加一个工作站. 如果某一期的产品需求量大幅增加, 则可由 $\{Q_r\}$ 中找出大于该期需求量的最小值. 那么介于此最小值与前一期的 Q 值之间, 所有对应的 $\{l_r\}$ 就可用来决定在该期应增加工作站的类别及其数量.

在理论上, 可以假设在每一个记录的 $\{l_r\}$ 都只含一工作站. 若是第 j 个名单, l_j 包含两个不同类别的工作站, 那么可以让其中一个的平均作业时间减去一个极小的值, 则此类别就不会被纳入 l_j, 而是在下一轮被置入 l_{j+1}. 换言之, 原先包含两类工作站的名单被分为两个各具单一类别的名单了. 由于减去的时间极少, 因而并不影响其他名单的内容. 为了论述方便, 在下面规划生产区块时, 就假设每次生产线扩充产能, 都是只需增加一个工作站.

3. *产线的布局*

DAH 服务区块的规划必须避免因物料搬运的延迟而导致生产率下降. 为达此目的, 需要关注两条件:

(i) 由 5.4 节的分析说明可知, 为了保证 AS/RS 作业的稳定性, 服务要求的平均等待时间不应超过 60 秒 (图 5.5 以及讨论).

(ii) 倘若 AS/RS 的等待时间小于工作站完成一次工序的时间, 那么一个工作站只需极小的缓存区, 就不会因物料搬运的延误而导致缺料. 图 8.12 列举了在不同使用率 (ρ) 下, 等待时间 (W_t) 的概率分布. 其均值加上 1.5 倍标准差略大于"第 90 百分位", $W_{0.9}$(90th percentile, 等待时间少于此值的机会为 90%). 因此, 在一个 DAH 区内, $W_{0.9} \approx E[W_t] + 1.5 \times SD[W_t]$ 之值应低于各工作站完成一个工序的时间. (如何计算 $SD[W_t]$? 见第 5 章)

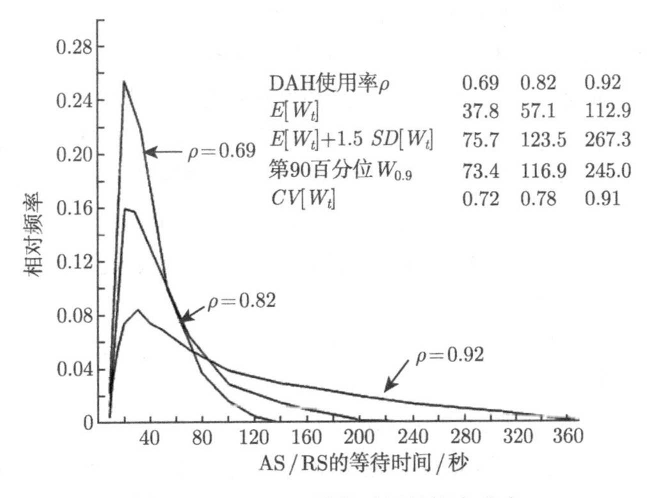

图 8.12 AS/RS 等待时间的概率分布

在符合这两个条件的前提下，利用运算程序 8.2 所得结果，可以按照 $(Q_r, l_r), r = 1, 2, \cdots$ 依次把工作站“纳入”DAH 服务区块中.

运算程序 8.3 (DAH 区块为基础的产线布局) 已知 $\{(Q_i, l_i) \mid i = 1, 2, \cdots\}$.

(1) 列出对应产能为 Q_i 的所有工作站 L_i. 起初, 维持最低产能时, 各类工序必须有一个工作站. 以后逐步提升产能, 而一次增加一个 (作为瓶颈的) 工作站. 对应各产能的清单:

$$
\begin{aligned}
&\text{对应 } Q_1, L_1 = (1, 2, \cdots, m) \\
&\text{对应 } Q_2, L_2 = (1, 2, \cdots, m, k_1) \\
&\cdots \\
&\text{对应 } Q_p, L_p = (1, 2, \cdots, m, k_1, \cdots, k_{p-1}).
\end{aligned}
$$

(2) 依 $Q_1 Q_2, \cdots, Q_p$ 的产能要求, 计算相关的工作站进料、出料以及各站之间的物流量. 以此决定对 DAH 的服务要求, 包括频率与服务形态 (例如: 把工件由 i 类工作站送至 j 类工作站, 或从传送带的积聚处取料送往 i 类工作站).

(3) 令 $i = 1$.

(4) 让 $X_i = \varnothing$(以空集合代表空名单). 如果 $L_i = \varnothing$, 跳至 (9). 否则, 继续下一步.

(5) 由 L_i 名单中, 按先后顺序依次抄录一个元素 (工作站的类别) 植入 X_i 名单里.

(6) 把 X_i 名单中所有工作站置于同一 DAH 区块. 根据 (2) 所得, 计算出区块内对 DAH 服务要求的到达率、服务时间的均值、二阶矩与三阶矩 ((5.12) 与其后 AS/RS 绩效分析模型), 代入 (5.10)、(5.16), 并以其结果计算出 $E[W_t]$ 与 $SD[W_t]$.

(7) 检视下列两个条件:

(7.1) AS/RS 平均等待时间, $E[W_t] \leqslant 60$ 秒;

(7.2) $E[W_t] + 1.5SD[W_t] \leqslant$ 名单 X_i 中各个工作站的平均操作时间.

如两个条件都能满足, 回到 (5), 以试图增加区块的工作站.

否则, 取出 X_i 名单中最后一个工作站. (不得增加上一个列入的工作站).

(8) 记录 X_i 的内容, 作为对应产能 Q_i 的一个“暂定”DAH 区块.

(9) 如 $i < p$, 则 $i \leftarrow i + 1$, 回到 (4), 开启一个新的 DAH 区块.

如 $i = p$, 则每一个 $L_i \neq \varnothing$, 其对应的 Q_i 都有一个记录下来的暂定的区块内容 X_i.

(10) 检视 $\{X_i\}$, 找出其中最短的名单, 并将内容抄录于 Z. 此名单所示就是应纳入新区块的工作站.

(11) 分别从 $L_1, L_2, \cdots, L_p$ 中删除列于 Z 的工作站.

(12) 如果 $X_i = \varnothing, \forall i$, 运算程序完毕. 否则回到 (3), 继续设置新的 DAH 区块.

□

在运算程序结束时, 所有记录的 Z 名单就构成了一个依 DAH 区块而设置的生产线. 假定一共有 h 个名单, 依次为: $Z_1, Z_2, \cdots, Z_h$. 每一次因扩充产能而应增添的工作站, 或开启一个新的区块 (Z 名单中的第一个工作站), 或安排在最后一个设置的区块的尾端 (Z 名单中排在第二或更后面的工作站).

下面引用一个简化的磁盘装配线的数据, 以帮助说明运算过程.

这一套制造过程共有 8 道连续工序, 平均作业时间分别为 0.05 小时, 0.10 小时, 0.15 小时, 0.15 小时, 0.15 小时, 0.35 小时, 0.15 小时和 0.10 小时. 预估 (i) $a_i = 0.95$, $q_i = 1$, $i = 1, 2, \cdots, 8$, (ii) $TT = 20$ 小时, (iii) $u = 200$. 引用程序 8.2 得到的结果列于下表:

在计算 AS/RS 承载的物流量时, 必须了解 (i) 原料供应方式, (ii) 工作站与 DAH 的连接方式, 以及 (iii) 各类工作站之间的物流关系. 在本例中, 每道装配工序所需零件以成套方式 (kit) 送至各工作站: 一套 (或多套) 零件置放于同一托盘 (tray) 内. 托盘由传送带送至 DAH 区块的接口处 (称为“积聚口”accumulator), 再由 DAH 分送各工作站. 空托盘也由同一方式, 由 DAH 送回传送带.

工作站的设计可以影响 AS/RS 的绩效, 进而改变生产线的布局, 兹举数例如下:

方案 1: 工作站置放工件地方有三处: 入口、出口以及工作台. 来件由 DAH 放置在入口, 操作员从入口取得待做的工件. 若入口无料可供, 则停工并等待 DAH 进料. 工件完成后置于出口, 等待 DAH 移到下游. 假定工作完成后, 因为出口工件拥塞, 而造成工件无法置放, 也会导致暂时停工. 如果入口与出口各自都能存放两个工件, 那么就等于前后工序之间有 4 个工件的缓存区, 由 7.4 节讨论可知, 在此情况下, 因在制品的限制而影响产能的可能性极小.

方案 2: 如产品体积与重量都适合操作员自行取放, 那么储存架就是 DAH 与工作站进行物料的交换场所. 进出工作站的在制品都置于架上, 或由 DAH 收送或由操作员取放. 此方案的 DAH 只负责工作站之间以及传送带与区块间的物流.

方案 3: DAH 递送工件时, 如接收一方工作站闲置, 则直接送至工作台. 若工作站繁忙, 则置于储存架上, 等需要时再取送.

每当工作站完成一个工件后, 就会向 AS/RS 发出移送在制品的要求, 在前面两方案中, 在一天内由 i 类别工作站要求移送的次数是日产量与启动因子的乘积 $d_i = Q \times q_i$. 若采用方案 3, 则 $d_i = Q \times q_i \times (1 + \rho_i)$, 此处 $\rho_i = (Q \times q_i \times s_i)/(n_i \times TT)$ 是 i 类别工作站的使用率. 那么 d_i/n_i 就是每一个 i 类别工作站所引起的平均移送次数.

知道了物料移送次数、距离以及 DAH 的规格, 就可计算其服务时间, 进而利用 $M/G/1$ 队列模型求得等待时间的均值与标准差, 最后依运算程序 8.3 的结果来决定产线的布局.

假定工作站面向 DAH 的宽为 10 英尺, 根据表 8.2 的资料以及表 8.3 所列规格, 在方案 3 的条件下, 启动运算程序 8.3 而得的结果, 经整理后, 列于表 8.4.

表 8.2　产能规划

产能 Q_r	需增加的工作站类别 l_r							
54	1	2	3	4	5	6	7	8
108	–	–	–	–	–	6	–	–
126	–	–	3	4	5	6	–	–
162	–	–	–	–	–	–	7	–
189	–	2	–	–	–	6	–	–
217	–	–	–	–	–	–	–	8

表 8.3　DAH 规格

x-轴最大速度/(ft/s)	6.6
x-轴加速度/(ft/s)	3.3
θ-轴角速度/(°)	60
z-轴取料时间/s	4.5
z-轴放置时间/s	4.5

表 8.4　以 DAH 区块组成的产线布局

产能	区块	区块内工作站	$E[W_t]$/s	DAH 使用率
54	1	(1,2,3,4,5,6,7)	21	0.39
	2	(8)	13	0.03
108	1	(1,2,3,4,5,6,7)	40	0.74
	2	(8,6)	13	0.12
126	1	(1,2,3,4,5,6,7)	32	0.65
	2	(8,6,3,4,5,6)	20	0.38
162	1	(1,2,3,4,5,6,7)	36	0.71
	2	(8,6,3,4,5,6,7)	28	0.59
189	1	(1,2,3,4,5,6,7)	40	0.74
	2	(8,6,3,4,5,6,7,2)	47	0.78
	3	(6)	13	0.05
217	1	(1,2,3,4,5,6,7)	46	0.79
	2	(8,6,3,4,5,6,7,2)	40	0.71
	3	(6,8)	13	0.11

这些区块中各工作站对 DAH 提出移送物料的要求时, 平均等待时间都在 50 秒以下, 不但维持了物料搬运系统作业的稳定性, 其值也远低于每道工序的平均时间 (最短的工序需时 0.05 小时或 180 秒).

表 8.4 的内容可显示于图 8.13. 设置生产线之初, 每道工序有一个工作站, 分

置于两个区块内, 日产能为 54 件 (如括弧内数字). 随着需求增加, 第二区块添增一个类别 6 的工作站, 日产能可达 108 件. 最后以三个区块, 17 工作站把产能增至每天 217 件. 当产品市场逐渐消退时 (图 8.13), 则以相反的方向逐步移除工作站.

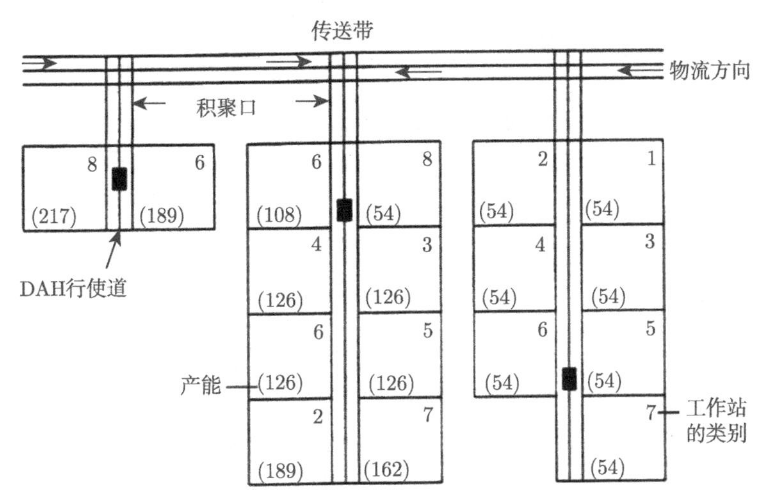

图 8.13 以 DAH 区块为基础的产线布局示意图

在开始讨论本案例时, 曾经以设施成本为主要考量之一. 下面引用 IBM3390 磁碟在规划期间的生产流程与设施的资料, 作为选择 AS/RS 为物料搬运系统以降低成本的范例. 列于图 8.14 的这套流程有 13 种工序. 包括了装配 (工序代号: 002, 003, 006, 007, 008, 009), 测试 (001, 004, 005) 与返工 (010, 011, 012, 013). 工序 001 可在一般车间进行, 其他各道工序都需置于等级 100 的无尘室. (二者建造价格之比约为 20:7) 用于装配产品的工具成本在 5 万 ~10 万美元, 而测试设备为 20 万~80 万美元不等. 纳入计算的成本项目: ① 工具与设备, ② 工作站设置, ③ 物料搬运系统, ④ 直接人工, ⑤ 在制品, 以及⑥车间运行费用 (如电费, 化学用品等). 因细节繁杂就不一一罗列.

计算投入成本的过程并不复杂, 熟悉财务者从下列的假设即可知悉计算的方法:

(1) 产品市场寿命 5 年.

(2) 设置首产线需时 6 个月, 每次增加产能的设置时间为期 3 个月.

(3) 各期投入成本转换为第一年的现值时, 贴现率 (discount rate): 10%.

(4) 公司的收益税的税级 (tax bracket): 50%.

(5) 投资的税收抵免率 (investment tax credit): 8%.

(6) 工具与设备 5 年折旧率: 0.15, 0.22, 0.21, 0.21, 0.21.

(7) 在制品储存成本作为利息收益损失, 利率: 10%.

(8) 直接人工成本年增率: 7%.

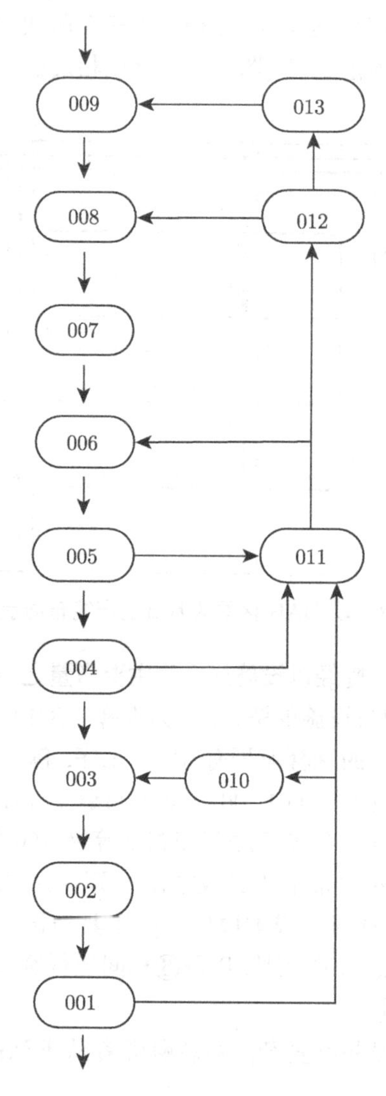

图 8.14　装配线生产流程

图 8.15 是 DAH 区块的布局, 方块内的数字是工作站的类别. 产能 (每日生产件数) 的增加顺序为 48→135→231→338→484→575. 每日生产 48 件时, 需 2, 3, 4, 5, 10(区块 4), 6, 7, 8, 9, 11, 12, 13(区块 1) 等类工作站各一, 以及 1-类工作站三 (区块 6). 如前所述, 除区块六之外, 其他区块都在无尘室内. 在区块一、四与六内分别增加 $\{6\}$, $\{4,4,5,3\}$ 和 $\{1,1,1,1,1,1\}$ 类工作站, 则产能增至每日 135 件. 依此逐步增至每日 575 件.

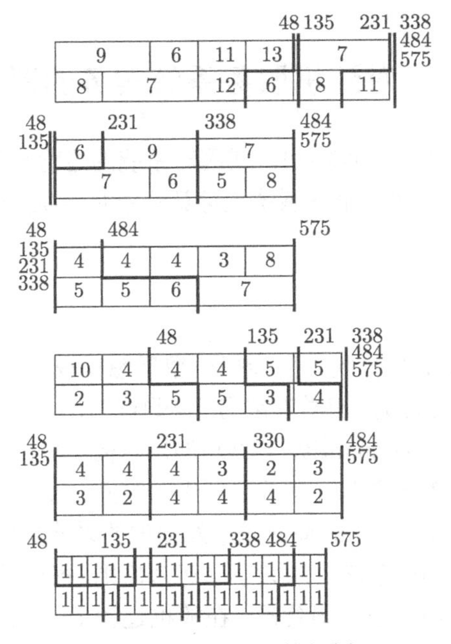

图 8.15 DAH 区块规划

对应最大需求为每日 1150 件时, 可考虑两种产线布局方式 (i) 如图 8.15 所示, 以 DAH 区块布局方式——逐次增添工作站, 最后形成两条相同且日产 575 件的生产线, 以及 (ii) 增加产能时的传统布局方式——每次增加一条日产 230 件的相同生产线. 图 8.16 是二者的成本曲线. 5 年累积成本转换为第一年的价值时, 二者可相差 15%~20%. 成本的节约主要来自工作站的延迟投入.

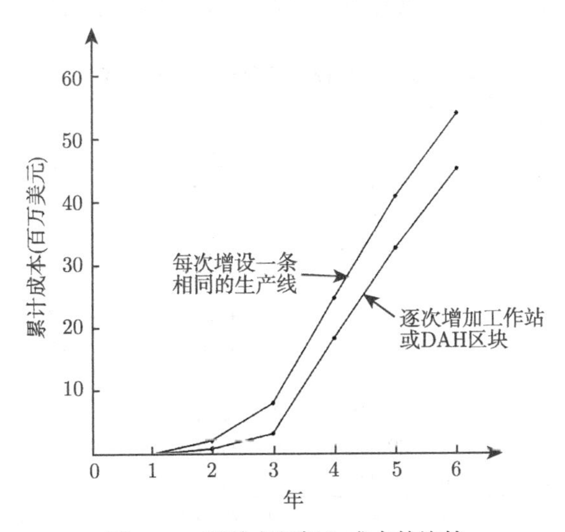

图 8.16 两种布局投入成本的比较

8.3 对随机服务系统实务的评论

在建立模型和解决问题的实务上, 或因对系统的经营与运作重点缺乏了解, 或因资料取得不易, 或因对随机服务系统理论认识不足, 都会导致失败. 这种困境可从几个方面来看.

1. 模型结构的合理性

为了解法上的雅致, 有时候人们会把模型理想化成一个有完备解答的数学问题. 以 5.9 节的存量管理为例. 初学者常用"再购点"(re-ordering point) 搭配"最优采购量"(economic ordering quantity, EOQ) 的概念构建优化模型. 当存量降至再购点时, 就增加一个固定的采购量. 在考虑到采购时间、存料使用率、采购费用、存量费用、甚至缺料损失后, 求得的最低成本及损失的采购量就是 EOQ. 但是此模型是以单一料号为考察对象, 忽略资源共享的运营原则. 每个单一物料的最优解的集合, 并不会成为全部物料存量的最优解. 在随机过程 (stochastic processes) 的教材里, 常见的另一个称为 (s, S) 的存量模型, 在此存量管理政策下, 每隔一个固定时间检视存量, 如小于 s, 就进行采购, 让存量增至 S; 反之, 就等到下一个检视时间点, 依循同样方式决定采购与否. 如同 EOQ 方法一样, 虽然在某些假设条件下也可找到最优的 (s, S) 值, 然而还是把不同物料分开独立处理.

利用表 5.3 的数据和相同的供货率目标 b, 以单一料号分别计算各自最低存量, 列之于表 8.5 最后两列 (斜体字部分). 比较原先在综合考虑所有物料后, 表 5.3 中所提供的解答 (非斜体字), 可以看出二者存量总值有着明显的差距.

表 8.5　综合模型与单一模型的比较

类别	成本 c_j	购置周期 S_j	$b=93\%$		$b=98\%$		$b=93\%$		$b=98\%$	
			k_j	q_j	k_j	q_j	k_j	q_j	k_j	q_j
1	12956.0	0.125	0	0.00%	1	88.24%	*2*	*99.28%*	*2*	*99.28%*
2	5182.30	0.250	1	77.88%	2	97.35%	*2*	*97.35%*	*3*	*99.78%*
3	1880.40	0.125	1	88.24%	1	88.24%	*2*	*99.28%*	*2*	*99.28%*
4	1644.80	0.500	2	90.98%	3	98.56%	*3*	*98.56%*	*3*	*98.56%*
5	808.52	0.250	2	97.35%	2	97.35%	*2*	*97.35%*	*3*	*99.78%*
6	392.08	0.750	4	99.27%	5	99.89%	*3*	*95.95%*	*4*	*99.27%*
7	116.84	0.500	4	99.82%	4	99.82%	*3*	*98.56%*	*3*	*98.56%*
8	13.92	0.125	3	99.97%	3	99.97%	*2*	*99.28%*	*2*	*99.28%*
9	10.44	0.750	6	99.98%	6	99.98%	*3*	*95.95%*	*4*	*99.27%*
10	4.35	0.625	6	99.99%	6	99.99%	*3*	*97.43%*	*4*	*99.61%*
	平均供货率 q		29	93.67%	33	98.71%	*25*	*97.32%*	*30*	*99.21%*
	存量总值 Z			14136		34310		*48187*		*54585*

另一个常见问题是对系统运作细节了解不够, 正如 7.4 节 (纵列系统模型与生产线) 中所讨论的"生产线上缓存区设定的问题". 由于同一工序的操作时间因人而异, 在工作轮换不可避免的情况下, 寻求缓存区的最优解就成了一个假议题.

2. 假设条件的恰当性

不恰当的假设条件可以引起错误的结果, 原因多半是由缺少实际资料引起的. 如果没有恰当的理由, 仅为简单, 而假设指数分布的服务时间, 或为了统计学上的"习惯", 而假设正态分布, 这些都可能导致错误的结果. (5.10) 与 (5.16) 就是很好的注解. 此两式分别为

$$E[W_t] = W = E[S] + \frac{\lambda E[S^2]}{2(1-\rho)}$$

$$E[W_t^2] = \frac{\lambda E[S^3]}{3(1-\rho)} + \frac{E[S^2]}{(1-\rho)}\left[\frac{(\lambda^2 E[S^2])}{2(1-\rho)} + 1\right]$$

等待时间 W_t 的均值由服务时间 S 的均值与二阶矩决定, 而计算 W_t 的二阶矩 (或者方差) 却需用 S 的三阶矩. 鉴于指数变数均值与标准差相同, 如果二者相差太大, 那么以指数分布为假设而求得的结果, 其正确性就有问题. 同理, 如果服务时间分布的偏斜度明显 (譬如 SK 大于 1 或小于 -1), 正态分布的假设就不太可能给出正确的等待时间的方差. 这种误差情形只有在高负荷状态下才会改善 (为什么?). 反之, 如果只要求均值, 偏斜度如何就无关紧要. 作为一般性的原则: 等待时间的 n 次阶矩是服务时间与到达间隔的 $(n+1)$ 次阶矩的函数.

因此, 要处理好实际问题, 就应该在资料搜集与分析上面下功夫. 恰当的假设应来自真实资料的正确分析. 此外, 还应如第 2 章的论述, 尽可能地对分析结果作出合理的诠释, 以增加分析结果的可信度, 从而也强化了对观察对象从直觉上的认知能力.

3. 分布选择与参数估计的方法

分析服务系统的行为与绩效, 必须先要设定与服务系统行为有关的各个统计分布 (如到达间隔分布、服务时间分布等), 以及与分布有关的参数 (如到达率、服务时间的均值与变易系数). 统计学有不同的选择分布与估计参数的方法. 然而在对待随机服务系统时, 通常从样本直方图的形状与阶矩估计值 (moment estimator) 就能获得可用的结果. 样本数越大, 结果的可靠度当然也越高. 估计阶矩值时, 需要的样本数应在 30 以上. 但是要从直方图的形状来判定分布的类型, 则样本数常常需要 100 以上. 如果 $CV > 1$, 则需增加更多的样本. 从另一方面来说, 如果知道前四个阶矩 (等同于均值、变异系数、偏斜度 (skewness) 与峰度 (kurtosis)) 也可相当精确地判定分布种类 (Ramberg et al., 1979). 举例来说, 直方图呈 L 形状, 变易系数

近于 1, 则可认作是指数分布, 如果偏斜度与峰度分别接近于 2 和 9, 几乎就一定是指数分布.

此外, 还有两点需要澄清:

(1) 统计学提供的假定检定 (test of hypothesis), 例如, 卡方检验 (chi-square test 或称 χ^2test), 常被初学者引作选择分布之用. 但在实际上, 这种方法也只是"(重复)确认"判定的结果, 检验方法本身并不能帮助选择该用何种分布.

(2) 前述的所需样本数, 只有在样本相互独立时才有效, 否则样本数的要求会大得多. 譬如队列中连续两个顾客的等待时间就有很高的相关性. 如果观察系统行为的目的是以平均等待时间作为绩效指标, 那么随着服务台的使用率的提高, 所需样本数可由数千增至数万乃至百万. (参阅表 I.1 所列的等待时间样本数)

4. 计算时间的考量

在 (5.36) 中提出了一个零备件存量优化的问题, 因为简单解并不存在, 所以转而寻求"有效解". 在此，可以利用一则实例来作进一步的解说，并以此呼应 1.2 节最后一段有关"合理而方便的解"的主张. 十几年前, 在美国市场上有数个用于管理零备件存量的商业软件 (包括 $i2$,SAP, MCA, Xelus, Manugistics 等), 除去那些无法提供优化解的软件外, 大体可分两类. 第一类用十分繁复的数学规划 (mathematical programming) 方法 (例一: 需用 7 小时来解决 5000 个零件料号的存量优化问题), 第二类用启发式解法 (例二: 数秒时间可以处理数万零件料号). 在需要大量实验的情况下 (以求得如图 5.11 所示的曲线), 或者多个 (不同地区而可以相互支援的) 库存中心管理者在远程电讯会议上, 讨论存量策略, 且需即时反馈时, 一类的软件就不可能成为适当的工具. 事实上, 数学模型本身是具体事物的抽象结果, 涉及了假设条件与参数估计等可能的误差, 执著于数学上的严谨, 而忽略了实务上的需要, 实非明智之举.

最后, 简单地论述有关运算工具的问题. 因为电子计算机的使用, 方便了人们进行大量运算, 迭代式的运算 (iterative computation) 是其中常见的一种. 5.6 节的 $M/H/1$ 队长分布的迭代计算法以及附录 I 的仿真法等都属此类. 然而使用不当却会造成问题. 大体上问题有两类: (i) 由于计算机只能存放有限位数, 因此可以导致"舍入误差"(round-off error), 但是这类问题主要是在如何储存数值和运算步骤，与运算时间关系不大. (ii) 如果运算方法的编程采用"解释程序"(interpreter, 譬如早期 IBM 公司的 GPSS 和 APL 等计算机语言以及现在广泛使用的 Excel 都是). 每次引用同一子程序，计算器就需重复花费时间透过同样的"解释"才能接受指令进行运算, 也由此可能造成过长的运算时间. 为避免此类问题, 运算过程应采"编译程序"(compiler, 譬如早期 IBM 公司的 FORTRAN 和 PL/1, 以及现在的 C 和 C++). 经过编译, 运算程序就被转为计算机可识别的"机器语言"(machine language), 从而极大地缩短了运算的总体时间. 一般说来, 编译程式中的变数需要预先设定 (如整数、字母等), 而解释程序往往无此要求. 从另一个角度来看, 由于使用解释程序的编程相对简单, 可以大幅度减少编程时间. 二者如何取舍, 应予适当的考量.

练习与讨论

先到先占的考量

1. 在图 1.5 中, 若是排队规则是后到先占 (LIFO), 那么在 s 时刻到达者的等待时间 $w_L(s)$ 如何表示?

2. 让 $w_F(s)$ 代表先到先占 (FIFO) 规则下, 在 s 到达者的等待时间, 证明 $\max_t\{w_F(t)\} \leqslant \max_t\{w_L(t)\}$.

3. 比较 $M/G/1$ 队列 FIFO 与 LIFO 规则的平均延误时间.

4. 证明在排列规则中, 先到先占的等待时间的方差最小.

5. 工厂生产所用的原料价值有时会随着时间而下降 (譬如: 食用品新鲜度变低或者化学物品效力减弱). 价值的减损可以用成本来表示. 让 D_i 表示第 i 批原料从进厂到使用的时间间隔 (以生产行为作为服务系统, 此间隔可视作延误时间), 则减损成本是 D_i 的函数: $c(D_i)$, 而 n 批原料的总成本, $z = \sum\limits_{i=1}^{i=n} c(D_i)$. 假定 c 是增函数, 也即 $dc(x)/dx > 0$, 如何安排各批原料使用的次序 (排队规则) 以期使 z 值最低?

队列长度与等待时间

6. 每天 8:00 am 到 9:00 pm, 某教室被四堂课占用, 此四堂课的学生人数分别是 33, 40, 14 和 21, 而其占用时间分别为 2 小时, 1 小时, 2 小时和 3 小时. 求 L(从 8:00 am 至 9:00 pm, 该教室内平均学生人数), λ 以及 W. 如果教室可容纳 45 人, 那么其占用率为何?

7. 以 N 和 W 分别代表 $M/G/1$ 队列的长度与等待时间, 证明下列关系:

$$E[N(N-1)\cdots(N-k+1)] = \lambda^k E[W^k]$$

借数值实验或实地勘察以了解服务系统行为

8. 利用任何方式 (譬如以 Excel 作此工具) 产生 20 组随机数, 每组内的随机数当成到达间隔, 以形成一个更新过程, 最后到达时间 (也即各组内所有间隔的总和) 不超过 100 单位时间:

—— 第 1~5 组的时间间隔服从正态分布, 各组均值为 10~30, 标准差为 10~20. (丢弃小于等于零的随机数)

—— 第 6~10 组的时间间隔服从伽马分布, 均值为 10~20, 标准差为 2~5.

—— 第 11~15 组的时间间隔服从二相超指数分布, 有 0.6 的概率其均值为 10~30, 0.4 的概率为 30~60.

—— 第 16~20 组的时间间隔分别服从 10~90 的均匀分布.

以上 20 组数据分别界定了 20 个互为独立的更新过程. 画出它们叠合过程的到达间隔的直方图 (histogram), 从图上看分布形状如何?

9. 找一个有红绿灯的繁忙路口, 以红绿灯作为计数间隔, 在交通状况相似的三天 (如周二、三、四) 里, 同一时段的半小时内 (譬如 5:30pm~6:00pm), 记录各间隔内到达路口的车辆数, 并分析其统计分布.

10. 分析一个单一服务台系统. 由 $\{2,3,4,5,6\}$ 中随机产生 50 个数值作为到达间隔. 另由 $\{2,3,4,5\}$ 中随机产生 50 个数值作为服务时间. 假定 50 个离去者之后没有到达者, 在时间轴上画出累计到达次数 $A(t)$ 以及累计离去次数 $B(t)$. 计算 ρ, L, λ 与 W, 并与它们的理论值作比较. 倘若 50 个到达间隔由 $\{4,5,6,7\}$ 产生, 重复上述工作, 并作比较.

交通问题

11. 某段高速公路最大允许的流通量为每小时 6000 辆. 某段时刻的车流量为 5000 辆/时, 在一则交通事故发生后, 每小时仅能通过 3000 辆. 假设事故发生 s 小时后, 现场清理完毕, 那么需要多久交通才可恢复到原状 (即 5000 辆/时)? 如果 $s = 0.5$, 那么受影响的车辆总共有多少辆? 它们平均延误多久? (高速公路一条行车线平均最大流通量约为 2000 辆/时, 三条行车线的路段, 如果有一条线因事被阻, 此路段的最大流量不是减 1/3, 而是大约减半)

12. 观察一个计程车搭乘站时, 发现到达的乘客批数 (以同乘一车的人为一批) 近似于到达率为 λ 的泊松过程, 而计程车是一个到达率为 μ 的泊松过程. 分别以 $A(t)$ 与 $B(t)$ 表示乘客与车在时间 t 以前的累计到达次数, 那么 $N(t) = A(t) - B(t)$ 可视为搭乘站上的队列长度. 分别说明 $N(t) > 0$ 和 $N(t) < 0$ 的状态. 又如何决定 $N(t)$ 的分布? 当 $t \gg 1$ 时, $N(t)$ 的分布近似于何种分布?

13. 机场航站之间常以穿梭轻轨车作连接, 假定航站 A 至航站 B 的发车时间间隔为 s, 车容量为 c, 乘客到达为泊松过程, 如何分析航站 A 穿梭轻轨车站的队列行为?

到达平均概率

14. 以 a_j 代表顾客来到单一服务台系统看到队长为 j 的概率 (到达平均概率), 已知一个繁忙周期服务的顾客数为 N, 求证 $a_0 = 1/E[N]$.

15. 让 $\{p_j\}$ 为单一服务台系统的队长 (时间平均) 分布. 假如服务时间是均值为 $1/\mu$ 的指数变数, 而到达率为 λ. 求证 $p_j = (\lambda/\mu)a_{j-1}$, $j - 1, 2, \cdots$

16. 在密闭网络讨论中, 网络状态 (或称为队列) 分布 (7.32)~(7.35) 可以改写如下:

令

$$\mu_j(n_j)=\begin{cases} n_j\mu_j, & n_j<k_j \\ k_j\mu, & n_j\geqslant k_j \end{cases}$$

则

$$P(\bar{n})=G(N)\prod_{j=1}^{j=M}p_j(n_j)=G(N)\prod_{j=1}^{j=M}\frac{a_j^{n_j}}{\mu_j(n_j)}$$

$$\bar{n}=(n_1,n_2,\cdots,n_M)\ni n_1+n_2+\cdots+n_M=N$$

以 $Q(\bar{n})$ 代表网络状态改变时进入 $\bar{n}$ 态的概率, $T(\bar{n})$ 是每次进入 $\bar{n}$ 态后平均停留的时间. 则

$$P(\bar{n})\frac{P(\bar{n})T(\bar{n})}{\sum\limits_{r_1+\cdots+r_M=N}Q(\bar{r})T(\bar{r})},\quad n_1+n_2+\cdots+n_M=N$$

以此解出

$$Q(\bar{n})=\frac{P(\bar{n})/T(\bar{n})}{\sum\limits_{r_1+\cdots+r_M=N}P(\bar{r})/T(\bar{r})},\quad n_1+n_2+\cdots+n_M=N$$

再利用 $T(\bar{n})=1/[\mu_1(n_1)+\cdots+\mu_M(n_M)]$ 的关系, 证明

$$Q(\bar{n})=\frac{P(\bar{n})}{\sum\limits_{r_1+\cdots+r_M=N-1}P(\bar{r})},\quad n_1+n_2+\cdots+n_M=N-1$$

这个关系式表明: 每次状态改变, 必定是某一个顾客从一个服务站进入另一个服务站, 这时该顾客看到的网络状态 (到达平均) 分布与任意时刻顾客总数为 $N-1$ 的网络状态 (时间平均) 分布相同.

由于等待时间取决于到达者见到的队列长度, 以 $L_i(N)$ 代表顾客在网络中总数为 N 时, 在 i 站的平均队长, $\lambda_i(N)$ 与 $W_i(N)$ 分别为顾客总数为 N 时, 在 i 站的到达率与平均等待时间, 那么, 从上面的关系式可以推导出 $W_i(N)$ 与 $L_i(N-1)$ 的关系, 再由 $L_i(N)=\lambda_i(N)W_i(N)$ 求得 $L_i(N)$ 与 $L_i(N-1)$ 的关系. 从 $N=1$ 开始, 反复利用这些关系, 就可逐步解出 $L_i(j)$ 和 $W_i(j)$, $j=1,2,\cdots$(此法称为“均值分析法” mean value analysis). 而当 $N\gg 1$ 时, $L_i(N)\approx L_i(N-1)$, 则 $L_i(N)$ 与 $L_i(N-1)$ 的关系式就变成仅含 $L_i(N)$ 的方程式. 从运算速度来说, 解此方程式比利用队长分布求解要快速得多.

—— 此题参考相关文献 (Reiser and Lavenberg, 1980).

两段服务的不同安排

17. 一个 $M/M/2$ 系统的到达率为 λ, 服务台的服务率为 μ. 队列的平均延误时间 (d) 与平均等待时间 (W) 为何? 与一个到达率相同但是服务率为 2μ 的 $M/M/1$ 队列相比如何?

18. 比较在下列几种情况下, 一个 $M/M/2$ 系统的绩效表现:

(1) 所有等候服务者排成一个队列;

(2) 每个到达顾客被分配去其中一个服务台的机会各半;

(3) 到达顾客被依次轮流安排去这两个服务台 (第一者去服务台 1, 第二者去服务台 2, 第三者去服务台 1, 第四者去服务台 2, 以此类推).

19. 由两个单一服务台组成的纵列系统, 顾客的到来呈泊松过程, 到达率为 λ. 先后服务时间为互为独立而同分布的指数变数, 服务率 μ. 让 D_1 和 D_2 分别代表在前后队列的延误时间. 求证: (i) $P[D_1=0,D_2=0]\geqslant(1-\rho)^2$[因此二者不是相互独立的], 但是 (ii) 它们的等待时间却互为独立.

20. 在 19 题中先后服务率分别为 μ_1 和 μ_2, 且两个服务台之间没有缓存区 (见 7.4 节), 以 N_i 表示队列 i 的长度, $i=1,2$. 那么 (N_1,N_2) 的可能状态为何? 它们的分布为何? 又因为无缓存区而对等待时间的影响为何?

21. 顾客抵达两个单一服务台 (称为 a 与 b) 组成的纵列系统的时间依次为 $(t_1,t_2,\cdots)$, 在两台服务时间分别依次为 $(Sa_1,Sa_2,\cdots)$ 和 $(Sb_1,Sb_2,\cdots)$. 顾客离开第一台 (到达第二台) 的时间依次为 $(x_1,x_2,\cdots)$, 离开第二台的时间依次为 $(y_1,y_2,\cdots)$. 如果 a 台在前, 则 $x_1=t_1+Sa_1$, 而 $x_2=\max(x_1,t_2)+Sa_2=\max(t_1+Sa_1+Sa_2,t_2+Sa_2)$. 由归纳法可推知

$$x_k=\max_{1\leqslant j\leqslant k}\left(t_j+\sum_{i=j}^{i=k}Sa_i\right)$$

同理

$$y_k=\max_{1\leqslant k\leqslant m}\left[x_k+\sum_{i=k}^{i=m}Sb_i\right]=\max_{1\leqslant k\leqslant m}\left[\max_{1\leqslant j\leqslant k}\left(t_j+\sum_{i=j}^{i=k}Sa_i\right)+\sum_{i=k}^{i=m}Sb_i\right]$$

整理后得

$$y_k=\max_{1\leqslant j\leqslant k\leqslant m}\left[t_j+\sum_{i=j}^{i=k}Sa_i+\sum_{i=k}^{i=m}Sb_i\right]$$

如 b 台在前, 则

$$y'_k=\max_{1\leqslant j\leqslant k\leqslant m}\left[t_j+\sum_{i=j}^{i=k}Sb_i+\sum_{i=k}^{i=m}Sa_i\right]$$

倘若 a 台和 b 台的服务时间是常数 ($Sa_i = Sa, Sb_i = Sb$), 证明: $y_k = y'_k, k = 1, 2, \cdots$ (这就是说, 纵列系统各服务时间为常数时, 改变各服务站的前后顺序, 不影响等待时间). 如果 $P[Sa_i \geqslant Sb_i] = 1, \forall i$, 那么, a, b 两台, 谁在前较优?

22. 完成一产品需要前后两段操作: O_1 和 O_2. 它们的操作时间分别是以 μ_1 和 μ_2 为参数的指数变数. 对两个同等能力的操作员 (M_1 和 M_2) 可以有两种安排: (i) 两人成一纵列: $-M_1$ 操作 O_1, M_2 操作 O_2, 二者间的缓存区大小无限制, 或者 (ii) 两人并列: 每个人都先操作 O_1 后再作 O_2. 比较这两种安排.

优先权问题

23. 一个 $G/G/1$ 系统服务两组顾客. 在非抢占规则下, 如何安排他们优先顺序以使成本函数 $z = c_1Q_1 + c_2Q_2$ 极小化? (提示: 利用 $E[V] = Q_1E[S_1] + Q_2E[S_2] + \lambda E[S^2]/2$, 而且 V 与排队则规无关)

24. 假设在一个 $M/G/1$ 队列中, 顾客服务时间已经预知. 系统管理者为了降低平均延误时间, 决定采用"短者先占"(非抢占) 的规则, 假定顾客 C 的服务时间已知为 t. 试求出他的平均延误时间. (提示: 以服务时间 t 为准, 顾客分为三类).

25. 一 $M/G/1$ 系统以抢占优先方式向 a 与 b 两类顾客提供服务. 假定到达率分别是 $\lambda_a = 0.2$ 与 $\lambda_b = 0.3$, 服务时间均值与方差: $1/\mu_a = 1.5$, $\sigma_a^2 = 1$, $1/\mu_b = 1$ 和 $\sigma_b^2 = 25$. 如何安排优先顺序以期总体延误最少? (注意: 这并不是书中讨论过的"非抢占"优化问题).

服务时间的影响

26. (反馈队列) 在一个 $M/M/1$ 队列, 完成服务后的顾客有 α 的概率会再度返回队列尾端排队 (离去的概率是 $1-\alpha$). 求 (i) 一个顾客全部服务时间的分布, (ii) 队列长度分布, (iii) 第一次接受服务的平均等待时间, (iv) 离开系统前, 总计的平均等待时间. 如果每一次服务完毕, 有 α 的概率顾客立即接受另一次服务 (离去的概率是 $1-\alpha$), 那么 (ii), (iii), (iv) 的答案为何?

27. 在相同的到达率 λ 和服务率 μ 的条件下

(a) 比较 (i)$M/M/1$, (ii) $M/E_r/1$ 并且 (iii) $M/H_2/1$, 其中

E_r 是埃尔朗分布

$$g(t) = e^{-\mu rt}\mu r(\mu rt)^{r-1}/(r-1)!, \quad r = \text{正整数}, t > 0$$

H_2 是二项超指数分布:

$$g(t) = \theta\alpha e^{-\alpha t} + (1-\theta)\frac{\mu\alpha(1-\theta)}{\alpha-\mu\theta}e^{-\mu\alpha(1-\theta)t/\alpha-\mu\theta}, \quad 0 < \theta < 1, \alpha > 0, t > 0$$

(b) 当 $r \to \infty$, 结果为何?

(c) M, E_r 和 H_2 的变易系数与 (a) 的结果有何关联?

(d) 顾客到达时若服务台被占用, 那么它们各自的剩余服务时间为何? 与平均服务时间 $1/\mu$ 如何比较?

服务系统顾客流失问题

28. $M/G/1$ 系统到达率为 λ, 服务率为 μ. 到达的顾客发现服务台被占用时, 就会即刻离去. 试问顾客损失率为何? 如果该服务系统每次向顾客收取 r 元, 为了在 t 时间内获取最大利润, 可以增加成本来提高服务率. 假定服务成本是一个线性关系式: $c\mu$, $r > c$, 求 μ 的最优值.

29. 比较两个服务系统: (i) 队列等待空间为 n(队长为 n 就不再接受新来者) 的 $M/G/k$ 系统, (ii) n 个顾客的密闭网络系统包括两个服务站, 其一为指数服务时间的单一服务台, 另一是任意服务时间的 k 个相同而并列的服务台. 说明 (i) 与 (ii) 的同一性.

30. (损失制服务系统) 在上题中, 如果 $n = k$, 则该系统就称"损失制系统"(loss system). $M/M/k$ 损失制系统各状态的转移图如下:

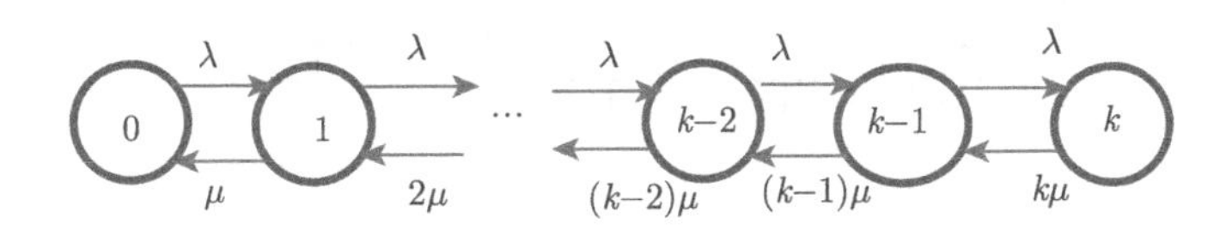

为了方便讨论, 以服务台的数目为各符号的下标.

令 $R_k(i)$ 为队列由状态 $i-1$ 进入状态 i, 再回到 $i-1$ 态之前平均所逝去的时间;

$S_k(i)$ 为队列由状态 $i+1$ 进入状态 i, 再回到 $i+1$ 态之前平均所逝去的时间;

$P_k(i)$ 为 $P[M/M/k$ 损失制服务系统队列长度 $= i]$.

证明下列关系属实, 并依次导出最后的结果:

(i) $S_{k-1}(k-2) = S_k(k-2)$.

(ii) $P_{k-1}(k-1) = \{1/[(k-1)\mu]\}/\{S_{k-1}(k-2) + 1/[(k-1)\mu]\}$, 解出 $S_{k-1}(k-2)$.

(iii) $R_k(k-1) = \{1/[\lambda + (k-1)\mu]\} + \{\lambda/[\lambda + (k-1)\mu]\} \times [1/k\mu + R_k(k-1)]$, 解出 $R_k(k-1)$.

(iv) $P_{k-1}(k-1) + P_{k-1}(k) = R_k(k-1)/[R_k(k-1) + S_k(k-2)]$.

最后用以上结果求证

$$P_k(k) = \lambda P_{k-1}(k-1)/[\lambda P_{k-1}(k-1) + k\mu]$$

一个 $M/M/n$ 损失制服务系统队长分布可用 $P_1(1) = (1/\mu)/[(1/\lambda)+(1/\mu)] = \lambda/(\lambda+\mu)$ 为初始条件, 以 $k = 2, 3, \cdots, n$, 反复代入上式则得

$$P_n(j)\frac{(\lambda/\mu)^j/j!}{\sum_{i=0}^{i=n}(\lambda/\mu)^i/i!},\quad j=0,1,\cdots,n$$

此式亦称为“埃尔朗损失公式”(Erlang loss formula), 读者可用 (4.2) 式进行验证. (有趣的是: 对 $M/G/k$ 损失制系统, 此公式依旧有效)

PASTA

31. 一个单一服务台系统具泊松到达过程. 让

P_j 为队长为 j 的时间平均概率;

b_j 为队长为 j 的离去平均概率;

C_j 为连续两次队列长度由 $j+1$ 降到 j 的时间间隔 (如下图所示);

N_j 为在 C_j 服务过的顾客数;

M_0 为在 C_j 内顾客离去时系统呈闲置状态的次数.

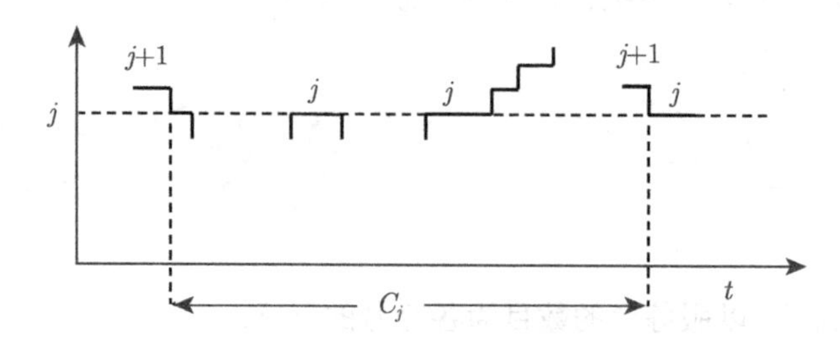

证明 (i) $P_j=(1/\lambda)/E[C_j]$.

(ii) $b_j=\dfrac{1}{E[N_j]}$, $b_0=\dfrac{E[M_0]}{E[N_j]}=b_jE[M_0]$.

最后再利用 (i), (ii) 以及下列的关系 (S 为服务时间, T 为到达间隔)

$$E[C_j]=E\left[\sum_{i=1}^{N_j}S_i\right]+E\left[\sum_{i=1}^{M_0}T_i\right]$$

证明

$$P_j=b_j,\quad j=0,1,\cdots$$

—— 此题参考相关文献 (Chow, 1975).

32. 在 5.2 节讨论虚延迟 $V(t)$ 时, 曾用阶跃函数与斜率 $-45°$ 线段表示工作量增减的变化. 下图中以 C 为繁忙周期, $d(v)$ 为在 C 时段里 $V(t)$ 因减值而由上跨过水平线 v 的次数, $u(v)$ 为在 C 时段里 $V(t)$ 因增值 (顾客到达) 而由下跨过水平线 v 的次数, $h(v)$ 为在 C 时段里 $\{V(t)\leqslant v\}$ 的累计时间 (图中斜线部分所示).

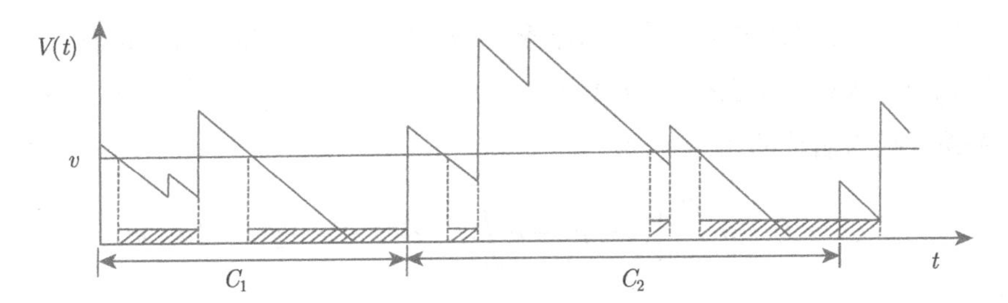

以 $I(A)$ 为指示函数: 如果 A 事件为真实, 则 $I(A)=1$, 反之 $I(A)=0$. 那么

(i) $d(v)=u(v)$;

(ii) $P[V(t)\leqslant v]=E[h(v)/E[C]]=E\left[\int_0^c I(V(t)\leqslant v)dt\right]/E[C]$;

(iii) $d(v)dv=d\left[\int_0^c I(V(t)\leqslant v)dt\right]\Rightarrow E[d(v)]=E[C]\dfrac{d}{dv}p[V(t)\leqslant v]$;

(iv) 令 $M=$ 在 C 时段服务的顾客数, $D_i=$ 第 i 者延误时间, $S_i=$ 第 i 者服务时间

$$u(v)=\sum_{i=1}^{i=M}I(D_i\leqslant v\leqslant D_i+S_i)=\sum_{i=1}^{i=M}\{I(D_i\leqslant v)-I(D_i+S_i\leqslant v)\}$$

(v) 由 $P[D\leqslant v]=E\left[\sum_{i=1}^{M}I(D_i\leqslant v)\right]/E[M]$ 与 (iv), 得

$$\begin{aligned}E[u(v)]&=E\left[\sum_{i=1}^{M}I(D_i\leqslant v)-I(D_i+S_i\leqslant v)\right]\\&=E[M][P(D\leqslant v)-P(D+S\leqslant v)]\\&=E[M][R(v)-R^*G(v)]\quad (R(t)=P[D\leqslant t],G(t)=P[S\leqslant t])\\&=E[M]R^*(1-G(v))\quad (R^*G(t)=P[D+S\leqslant t]\text{二者的卷积})\\&=E[M]E[S]R^*\frac{1-G(v)}{E[S]}\Rightarrow E[u(v)]=E[M]E[S]R^*g_e(v)\end{aligned}$$

注意: $g_e(t)=\{1-G(t)\}/E[S]=$ 剩余服务时间的密度函数 (2.10). 其分布函数:

$$G_e(t)=\int_0^t(1-G(s))ds/E[S]$$

(vi) 由 (i)(iii), $dP[V(t)\leqslant v]=(E[M]/E[C])E[S][R^*g_e(v)]dv=\rho[R*g_e(v)]dv$;

(vii) $P[V(t)\leqslant v]=a+\rho\int_0^v R*g_e(v)dv=a+\rho\int_0^v R(v-x)dG_e(x)$, 因为 $P[V(t)=0]=a=1-\rho$, 故

$$P[V(t)\leqslant v]=(1-\rho)+\rho\int_0^v R(v-x)dG_e(x)$$

(上列 (i)~(vii) 的演绎出自于荷兰数学家 Jacob Willem "Wim" Cohen 教授.)

(viii) 由 PASTA 特性得知: $P[V(t) \leqslant v] = R(v) = (1-\rho)+\rho\int_0^v R(v-x)dG_e(x)$ 以此关系式代入右边的 $R(v-x)$,

$$R(v) = (1-\rho)+\rho\int_0^v \left[(1-\rho)+\rho\int_0^{v-x} R(v-x-y)dG_e(y)\right] dG_e(x)$$

整理后得

$$R(v) = (1-\rho)+(1-\rho)\rho G_e(v)+\rho^2\int_0^v R(v-x)dG_e * G_e(x)$$

反复代入, 则

$$R(v) = (1-\rho)\sum_{n=0}^{\infty}\rho^n G_e^{(n)}(v)$$

其中 $G_e^{(n)}(v) = 1, G_e^{(1)}(v) = G_e(v)$, 而 $G_e^{(n)}(v)$ 是 G_e 的 n-层卷积 (n-fold convolution). $M/G/1$ 队列的延误时间等同于 N 个相同而互为独立的剩余服务时间之和, 而 N 却等同于 $M/M/1$ 队列长度.

排队论的教科书通常会利用 (5.17) 与 (5.18), 求得队列长度分布 $\{P_j\}$ 的 z-变换 (z-transform):

$$\hat{P}(z) = \sum_{j=0}^{\infty} z^j P_j = \frac{(1-z)(1-\rho)\tilde{G}(\lambda(1-z))}{\tilde{G}(\lambda(1-z))-z}$$

注意: (i) 此处 $\{P_j\}$ 是"离去"平均队列长度分布 (见定义 2.2 以及 (5.13) 的定义).

(ii) 此结果与 PASTA 的特性无关.

式中 $\tilde{G}(\lambda(1-z)) = \int_0^{\infty} e^{-\lambda t(1-z)}dG(t)$ 是服务时间分布 G 的"拉普拉斯变换" (Laplace transform).

由于一个顾客离去时刻的队列长度是该顾客等待时间内 (泊松流) 到达的个数, 又因为等待时间是延误时间与服务时间之和 (且二者互为独立), 利用上面的 z-变换可以求得延误时间的拉普拉斯变换:

$$\tilde{R}(s) = \frac{s(1-\rho)}{\lambda\tilde{G}(s)-\lambda+s}$$

不难证明上式可改写为 $\tilde{R}(s) = (1-\rho)\sum_{n=0}^{n=\infty}\rho^n\tilde{G}_e^{(n)}(s)$, 这就表示

$$R(v) = (1-\rho)\sum_{n=0}^{\infty}\rho^n G_e^{(n)}(v)$$

由于此结果并不以 PASTA 特性为前提论, 以此植入 (vii) 的式中, 即可证得 $M/G/1$ 队列在延误时间的 PASTA: $P[V(t) \leqslant v] = R(v)$.

通过率与网络的简化

33. 观察两个指数密闭网络: (a) 网络 A 有 M 服务站, 服务 N 个顾客. 服务站 i 队长为 n 的概率分布: $\{p_i(n), n = 0, 1, \cdots, N\}$, (b) 网络 B 有两个服务站, N 个顾客, 其中一站与网络 A 中的 i 站完全相同, 另一站是具有依态服务率的单一服务台. 当队列长度是 n 时, 服务率 $\theta(n)(n = 0, 1, \cdots, N)$ 的值等于网络 A 的 i 服务站在下列条件下的通过率:

(i) 网络 A 的顾客总数为 n;

(ii) 网络 A 中 i 站的服务时间为零.

(这等于是说: 除去 i 站外, 网络 A 中其余各站顾客总量为 n 时, $\theta(n)$ 是 i 站的到达率.) 证明网络 B 中与网络 A 的 i 站相同者, 其队列分布与 $\{p_i(n), n = 0, 1, \cdots, N\}$ 相同.

—— 此题参考相关文献 (Chandy et al., 1975).

非平衡状态下队列长度分布

34. 书中讨论的概率分布都是以平衡状态为假设前提. 在非平衡状态下, 即或是简单模型的解答也十分复杂. 观察一个到达率 λ 而服务率 μ 的 $M/M/1$ 服务系统 (参照下图). 令

$N(0)$ 为观察期开始的队列长度;

$A(t)$ 为泊松到达过程, 到达率为 λ;

$V(t)$ 为发生率为 μ 的泊松过程, 与 $A(t)$ 互为独立;

$X(t)$ 为 $A(t) - V(t)$;

$Y(t) = \inf\{X(s), 0 \leqslant s \leqslant t\}$.

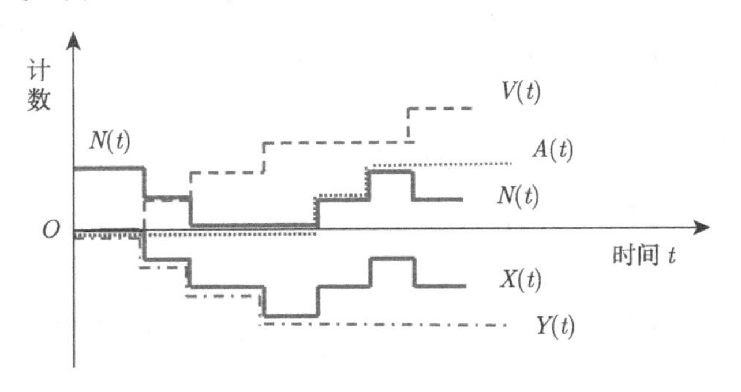

按此定义, 如果

(i) $N(0) > -Y(t)$(队列在 t 之前不会消失),

$$N(s) > 0, 0 < s < t, \text{ 而且} N(t) = N(0) + X(t)$$

(ii) $N(0) \leqslant -Y(t)(V(t) > N(0) + A(t))$,

$$N(t) = X(t) - Y(t)$$

故 $N(t) = X(t) + \max\{N(0), -Y(t)\}$

在有限时段 t 之内, 队列长度的条件概率分布,

$$Q_{ij}(t) = P[N(t) \leqslant j \mid N(0) = i] = P[X(t) + \max\{i, -Y(t)\} \leqslant j \mid N(0) = i]$$

以 $B(m, n) = \{A(t) = m, V(t) = n\}$ 为条件,

$$Q_{ij}(t) = \sum_{(m,n)} P\{\max(i, -Y(t)\} \leqslant j - m + n \mid N(0) = i, B(m, n)]P[B(m, n)]$$

因为

(i) $i > j - m + n$, 时上式中的条件概率为零,

(ii) $N(0)$ 与 $Y(t)$ 互为独立,

(iii) $A(t)$ 与 $V(t)$ 互为独立的泊松过程 (事件发生时间为何分布?),

(iv) $\{A(t) = m\}$ 与 $\{V(t) = n\}$ 的 $m+n$ 事件先后发生的不同顺序有 $\begin{pmatrix} m+n \\ m \end{pmatrix}$ 种可能,

(v) 在 (iv) 的各种可能中, 有 $\begin{pmatrix} m+n \\ m+k \end{pmatrix}$ 个会导致 $X(t) \leqslant -k$(利用 4.5 节的反射原理), 故

$$P[Y(t) \leqslant -k \mid B(m, n)] = \begin{pmatrix} m+n \\ m+k \end{pmatrix} \Big/ \begin{pmatrix} m+n \\ m \end{pmatrix} = \frac{m!n!}{(m+k)!(n-k)!}$$

因而证得, 已知 $\{N(0) = i\}$, 在 t 时的队列长度分布:

$$\begin{aligned} Q_{ij}(t) &= \sum_{(m,n) \ni m-n \leqslant j-i} P[Y(t) \geqslant m - n - j \mid B(m, n)]P[B(m, n)] \\ &= \sum_{(m,n) \ni m-n \leqslant j-i} \left[1 - \frac{m!n!}{(n+j+1)!(m-j+1)}\right] e^{-(\lambda+\mu)t} \frac{(\lambda t)^m}{m!} \frac{(\mu t)^n}{n!} \end{aligned}$$

比起 (3.5), 上式显得复杂得多. (学习过高等数学者可看出, 此式涉及贝塞尔函数, Bessel function)

参考文献

Baskett F, Chandy K M, Muntz R R, Palacio F G. 1975. Open, closed and mixed networks of queues with different classes of customers. Journal of Association for Computing Machinery, 22(2): 248–260.

Chow W. 1975. Central server model for multi-programming computer system with different classes of jobs.IBM Journal of Research and Development, 19: 314–320.

Hillier F S, Yu O S. 1981. Queuing Tables and Graphs. New York: North Holland.

Kingman J F C. 1962. On Queues in heavy traffic. Journal of Royal Statistics Society, B24: 383–392.

Konheim G. 1975. On the elementary solution of the queuing system $G = G = 1$. SIAM, Journal on Computer, 4: 540–545.

Nozaki S A, Ross S M. 1978. Approximations in finite-capacity multi-server queues with Poisson arrivals. Journal of Applied Probability, 15: 826–834.

Ramberg J S , Dudewicz E J, Tadikamalla P R, Mykytka E E. 1979. A probability distribution and its uses in fitting data. Technometric, 21: 201–214.

Reiser M , Lavenberg S. 1980. Mean-value analysis of closed multi-chain network. Journal of Association for Computing Machinery, 27: 313–322.

Ross S M. 2007 .Introduction to Probability Models .9th ed. San Diego:Academic Press.

Stidham S. 1974. A last word on $L = \lambda W$. Operations Research, 22: 417–442.

附录 I　仿真法与随机服务系统

仿真法 (simulation) 也译作“模拟”. 过去五六十年来, 随着电子计算机的发展, 仿真也被大量应用在解决实际问题上. 在分析随机服务系统时, 所用的方法属于“离散事件仿真法”(discrete event simulation)–这是因为各个事件发生才导致系统状态变化. 事件发生时间与性质的随机性由仿真过程中产生的“随机数”(random number) 决定. 譬如以随机数表示顾客到达间隔或者服务台的服务时间. 又如, 顾客转移至某个服务台的概率通常是用介于 0 和 1 之间的均匀概率表示. 在仿真过程中保存了系统状态变化的记录, 再经过统计分析与整理后作成仿真模型的解答.

1. 随机数的产生

严格说来, 由 $\{0,1,2,3,4,5,6,7,8,9\}$ 中重复地以均等机会抽出的数目才是纯粹的随机数, 但是应用此法非常没有效率. 电子计算机采用不同的办法产生随机数. 方法之一称为“乘同余法”(multiplicative congruential method). 假定在 $b = na + c$ 的式中, a 和 b 都是正整数, n 是大于或等于 0 的整数, 而且 $0 \leqslant c < a$. 这种关系在数学上写为 $c = b \bmod a$(读作: c 是 b 的模 a 剩余数). 例如: $b = 10$, $a = 3$, 则 $c = 1$. 在应用到产生随机数时, 常用一个循环关系式:

$$z_{i+1} = 7^5 z_i \text{mod}(2^{31} - 1) \tag{I.1}$$

第 i 次产生的随机数 (也就是一个介于 0 和 1 之间的均匀随机数):

$$r_i = z_i/(2^{31} - 1) \tag{I.2}$$

如果选择不同的启动随机数 z_0, 随之产生的序列 $(z_1, z_2, z_3, \cdots)$ 也就不同.

非均匀的其他分布的随机数可由 $\{r_i\}$ 变换而得. 其中“倒函数法”(inversion method) 是常用的方法之一. 因为任何一个连续的分布函数均可视为一个介于 0 和 1 之间的均匀随机数, 所以分布函数 G 的随机数 x_i 可经由 $r_i = G(x_i)$ 的关系产生, 也即 $x_i = G^{-1}(r_i)$. 举例来说, 服务率为 μ 的服务时间如果是指数分布: $G(x) = 1 - e^{-\mu x}$, 则在仿真过程中, 以 μ 为参数的第 i 次服务时间就是

$$x_i(\mu) = -1 \ln(r_i)/\mu \tag{I.3}$$

2. 仿真过程

根据系统的结构及其运行逻辑, 代入相应的随机数, 就可进行数值实验 (numerical experiment). 一般步骤可简略描述如下:

- 设定一个仿真计时器 (simulation clock), TT
- 每一个事件 (如到达或离去) 下次发生的时间 (即时间间隔) 依产生的随机数而定
- 所有将要发生的事件中, 时间间隔最短者就是下一个应发生的事件
- 每到一次事件发生的时刻, TT 也因之重新设定在该事件发生的时刻, 同时也调整各事件发生的时间间隔 (即由重新设定的 TT 时间到各事件下次发生的时间)
- 记录事件发生前系统状态, 作为绩效量度的依据, 并依照事件发生的性质调整系统状态
- 当 TT 达到预先决定的时间 (或者满足了其他预设的条件), 就停止仿真程序. 分析并整理记录, 以此作成结论

为了帮助说明, 现以 $M/M/1$ 队列为例, 逐步开展仿真过程. 令

λ 为到达率;

μ 为服务率;

M 为累计到达次数;

N 为队列长度;

R 为 (绩效量度记录中) 预设的最大队列长度;

$CT(j)$ 为队长为 j 的累计时间;

T 为下次到达的时间间隔;

S 为剩余服务时间.

(i) 起始条件: 一个顾客刚进入闲置服务系统.

(ii) $TT \leftarrow 0$, $N \leftarrow 1$, $M \leftarrow 1$, $CT(j) \leftarrow 0$, $j = 0, 1, 2, \cdots, R$.

(iii) 用 (I.2) 和 (I.3) 产生一对随机数: $T \leftarrow x(\lambda)$, $S \leftarrow x(\mu)$.

(iv) 决定 $v = \min(T, S)$, $CT(N) \leftarrow CT(N) + v$, $TT \leftarrow TT + v$.

(v) 倘若 $v = T$(下一刻发生的事件为顾客到达).

(a) $N \leftarrow N + 1$, $M \leftarrow M + 1$,

(b) 如 $N = 1$ 则 $S \leftarrow x(\mu)$. 否则 $S \longleftarrow S - v$(调整剩余时间),

(c) $T \leftarrow x(\lambda)$(重新产生到达间隔).

(vi) 倘若 $v = S$(下一刻发生的事件为顾客离去).

(a) $N \leftarrow N - 1$,

(b) $T \leftarrow T - v$,

(c) 如 $N = 0$ 则 $S \leftarrow 2^{31} - 1$(或一极大数). 否则 $S \leftarrow x(\mu)$.

(vii) 如尚未达到停止条件 (如: TT 或 M 小于预定值), 回到 (iv).

(viii) 如已达到停止条件, 结束仿真程序, 并计算.

(a) 队长分布: $p(j) = CT(j)/TT$, $j = 0, 1, 2, \cdots, R$,

(b) 到达率: $\hat{\lambda} = M/TT$,

(c) 其他统计量, 如平均队长、平均等待时间等.

3. 仿真的问题

难免有人会以为有了仿真法就无须认真研究随机过程模型了, 实则仿真仍有些未曾解决好的问题. 譬如在上述仿真过程中, 起始条件与停止条件都是.

首先, 起始条件的选择通常以方便启动仿真程序为主要考量, 估算有关系统运作的统计量 (如队长概率分布) 时, 为了避免因“人为的”起始条件的影响, 而造成数据上的偏差, 在仿真过程中, 必须让系统有足够的时间进入平稳状态. 但是所谓的平稳状态是一个数学概念, 如何判定平稳状态并非易事.

其次, 进入平稳状态后, 仿真过程需要继续多长的时间才能收集到足够可信的统计结果? 在理论上, 时间越长, 结果越可靠. 从统计的意义来说, 仿真可视为一种抽样实验, 不幸的是, 从服务系统所观察到的并非互为独立的统计量. 譬如, 先后接连着进入系统顾客的等待时间会有极高的相关性. 前面一个顾客长久等候服务, 紧接在其后者也多半会有较长的等待时间. 特别是服务台处于高使用率的情况下, 一旦进入拥挤状态 (长队列), 就需很长时间才会闲置下来. 此时统计量的相关性就益发明显, 也因此需要很长的仿真时间才能获得可靠的结果. 下面仍用一个单一服务台来作进一步的解说.

例 5.1 介绍过面积求算法. 在一个繁忙周期 C 中, 服务了 M 顾客, 各顾客等待时间 $\{W(i) \mid i = 1, 2, \cdots, M\}$ 的总和等于该周期内队长曲线下的面积: $A = \sum_i W_i$. 繁忙周期永远始于在一个顾客到达时刻, 见到闲置服务台. 此刻系统队长为 1, 服务时间与下一个到达间隔也才刚开始. 因此可视为一个再生点 (regenerative point), 两个连续再生点的时间间隔就形成一个再生周期. 以下标 j 表示第 j 个繁忙周期, $j = 1, \cdots, n$. 对应 C_j 的面积:

$$A_j = \sum_{i=1}^{i=M_j} W_j(i)$$

令

$$\overline{M} = \sum_{j=1}^{n} M_j/n$$

$$\overline{A} = \sum_{j=1}^{n} A_j/n$$

$$S_M^2 = \sum_{j=1}^{n} (M_j - \overline{M})^2/(n-1) \quad \{M_j\}\text{的方差}$$

$$S_A^2 = \sum_{j=1}^{n}(A_j - \overline{A})^2/(n-1) \quad \{A_j\}\text{的方差}$$

$$S_{MA} = \sum_{j=1}^{n}(M_j - \overline{M})/(A_j - \overline{A})/(n-1) \quad \{M_j\}\text{与}\{A_j\}\text{的协方差}$$

从仿真所得的平均等待时间:

$$\overline{W} = \sum_{j=1}^{j=n} A_j \Big/ \sum_{j=1}^{j=n} M_j = \left(\sum_{j=1}^{j=n} A_j/n\right) \Bigg/ \left(\sum_{j=1}^{j=n} M_j/n\right) = \overline{A}/\overline{M}$$

就成为真实 W 的估计值. 因为 $\{(A_j - WM_j), j = 1, \cdots, n\}$ 为 iid 变数, 当 n 足够大时,

$$\sum_{j=1}^{n}(A_j - WM_j)/n = (\overline{A} - W\overline{M})$$

就成为具有一个近似于正态分布的随机变数, 其均值为 0, 方差由前两式得

$$\begin{aligned}
\mathrm{var}[(\overline{A} - W\overline{M})] &= \mathrm{var}[(A_1 - WM_1)]/n \\
&\approx \sum_{j=1}^{n}[(A_j - WM_j) - (\overline{A} - W\overline{M})]^2/n(n-1) \\
&\approx \sum_{j=1}^{n}[(A_j - \overline{A}) - \overline{W}(M_j - \overline{M})]^2/n(n-1) \\
&= (S_A^2 + \overline{W}^2 S_M^2 - 2\overline{W}S_{MA})/n
\end{aligned}$$

因此

$$Z = \frac{\overline{A} - W\overline{M}}{\sqrt{(S_A^2 + \overline{W}^2 S_M^2 - 2\overline{W}S_{MA})/n}}$$

的分布近似于均值为 0、方差为 1 的正态分布. 由此可建构 $(1-\alpha)$ 置信区间 (confidence interval)$CI_{(1-\alpha)}$:

$$P[-z_{\alpha/2} < Z < z_{\alpha/2}] = 1 - \alpha$$

例如, $\alpha = 0.10$ 时, 此区间: $(-z_{\alpha/2}, z_{\alpha/2}) = (-1.96, 1.96)$. 对 W 而言, $CI_{0.90}$ 就成为

$$\frac{\overline{A}}{\overline{M}} \pm \frac{1.96}{\overline{M}}\sqrt{(S_A^2 + \overline{W}^2 S_M^2 - 2\overline{W}S_{MA})/n}$$

因为 W(真实之值) 落于此区间的概率很高, 倘若此区的宽度对估计值 $\overline{W}(= \overline{A}/\overline{M})$ 之比小到一个程度 (譬如 10%之内), 就可认为仿真结果已十分接近真实值了.

在上述 $M/M/1$ 队列的仿真过程中, 以起始条件当成停止条件, 那么每次启动该程序就恰好完成一个繁忙周期, 而 $A=\sum_{i=1}^{i=R} CT(i)$. 如此反复 n 次收集的统计量就可用来估计 $CI_{(1-\alpha)}$. 倘若置信区间过宽, 则可增加 n 值. 表 I.1 列举不同繁忙程度下, 为得到可信的仿真解所需的时间.

表 I.1　$M/M/1$ 队列平均等待时间的仿真解

	1	2	3	4
λ	0.05	0.09	0.09	0.09
μ	0.10	0.10	0.10	0.10
$\rho=\lambda/\mu$	0.50	0.90	0.90	0.90
W	20	100	100	100
$(E[A],E[M])$	(40, 2)	(1000, 10)	(1000, 10)	(1000, 10)
n	5000	1184	10000	100000
$\sum_{i=1,\cdots,n} M_i$	9587	10000	96730	996223
$(\overline{A},\overline{M})$	(36.79, 1.92)	(692.33, 8.32)	(951.68, 9.67)	(991.40, 9.96)
$CI_{0.90}$	19.19±1.32	83.23±19.39	98.39±9.71	99.52±3.83

当系统处于非繁忙情况下 (第 1 组: $\rho=0.5$, $\sum_i M_i=9587$), 仿真法可以很快找到可靠的答案. 第 2~4 组中 $\rho=0.9$, 处于繁忙情况, 所需时间就会大幅增加. 就是最简单的 $M/M/1$ 队列, 也需经过数十万乃至百万次事件 (到达与离去), 才能得到可靠的解答.

在上例的再生周期 (繁忙周期) 中, 所观察的统计量是独立而同分布, 从而解决了对仿真过程记录的统计分析问题, 但是在较复杂的情形下 (譬如网络系统), 并不那么容易界定有效的再生周期.

另一常用的方法称为“批量均值法” (batch mean). 把一个仿真过程分成许多长度相同的时段, 再“假设”每段内记录的统计量是独立而同分布. 以此来计算系统绩效的量度 (如平均等待时间) 及其 $CI_{(1-\alpha)}$. 但是不论用什么方法, 所需的仿真时间不会相去太远. 以 $\overline{W}_j$ 代表批量 j 内观察而得的平均等待时间, 当批量 (B) 够大时, 此统计量近于正态变数. 由 n 批量估计的均值与方差分别为

$$\overline{W}=\sum_{j=1}^{n}\overline{W}_j/n$$

$$S^2=\sum_{j=1}^{n}(\overline{W}_j-\overline{W})^2/(n-1)$$

由 t 分布可求得 $CI_{(1-\alpha)}$. 如果 $n>120$, 可用正态分布替代, 也即 $(\overline{W}-E[W])/S$ 服从均值为 0、方差为 1 的正态分布. 假使要求置信区间宽度对 $\overline{W}$ 之比: $2z_{\alpha/2}S/(\overline{W}/$

$\sqrt{n}) < 0.1$, 则

$$n > [2 \times 1.96S/(0.1\overline{W})]^2$$

为所需的批量数. 表 I.1 的四例用批量均值法作估算的结果如表 I .2 所示.

表 I.2

	1	2	3	4
λ	0.05	0.09	0.09	0.09
μ	0.10	0.10	0.10	0.10
$\rho=\lambda/\mu$	0.50	0.90	0.90	0.90
W	20	100	100	100
B	100	100	200	1000
n	95	100	483	996
$CI_{0.90}$	19.15±1.34	84.31±13.72	98.39±6.73	99.51±3.35

读者可比较上述两个方法的估算结果, 为达到相同的可靠性, 二者需时相当. 其实“仿真解答的可靠性”与“仿真过程需时多久”是同一问题的两种不同的说法, 无论在理论上还是应用上都不应忽视.

最后需要提到的是有关利用仿真处理“稀有事件”的问题:

例 I.1 在生产线上, 一部机器两次损坏时刻之间可以制作出成千的产品. 每个产品又需经过十几或几十道工序, 如果在仿真过程当中一一记录整理, 以分析机器维修对生产的影响, 则可能需时许久, 难以承受.

例 I.2 分析大型电子计算机的操作系统绩效时, 由于系统运作规则复杂 (譬如: 决定主存储器内程序组合的“转储算法”(swapping algorithm for program mix in main memory), 常用仿真法作分析, 但是由于“中央处理器”(central process unit, CPU) 与“输入输出处理器”(input/output processors, IOP) 在极短时间内会处理大量事件, CPU 1 秒钟内实际发生的状况, 一个仿真程序可以用去上百秒的 CPU 时间来作模拟, 从而导致仿真程序成为一个极为费时而高成本的工具.

处理上述情形时, 可以考虑利用混合模型解决问题. 所谓稀有事件通常是指: 在众多发生的事件里, 某些特殊事件极少发生或发生的概率极低. 那么在此情况下, 一方面用仿真来处理稀有事件, 另一方面, 因两次稀有事件之间, 一般 (非稀有) 事件发生次数极多, 因而就可能用解析法求得平稳状态下的解. 在统计学里, 这是一个条件概率的概念. 援用例 I.2、每次转储发生而改变了程序组合后, CPU 和 IOP 等硬件的使用可用网络服务系统模型来作分析, 而随之以代数计算出方程式的解. 经检验证明仿真结合解析方法可以大幅缩短解题时间与成本, 而同时解答也不失其正确性.

附录 II　指数服务时间的服务系统

对服务系统的实地观察中可发觉到, 服务时间往往不像到达间隔那样近似指数分布. 因此 $G/M/k$ 队列的讨论置于本附录中, 仅供参考.

由于指数分布的无记忆性 (见 (2.3) 式), 可用与 5.5 节相同的概念求解. 参照图 II.1, 令

X_n 为第 n 个顾客 (简称为顾客 n) 于到达时看见系统上的顾客数;

t_n 为顾客 n(也即第 n 次) 到达时间;

T_{n+1} 为第 n 次的顾客到达间隔;

$F(t)$ 为到达间隔的分布函数, $t > 0$;

Y_n 为在 T_{n+1} 时段离去的个数;

$a_j = \lim\limits_{n\to\infty} P[X_n = j]$(到达平均概率);

$p_{ij} = P[X_{n+1} = j \mid X_n = i]$.

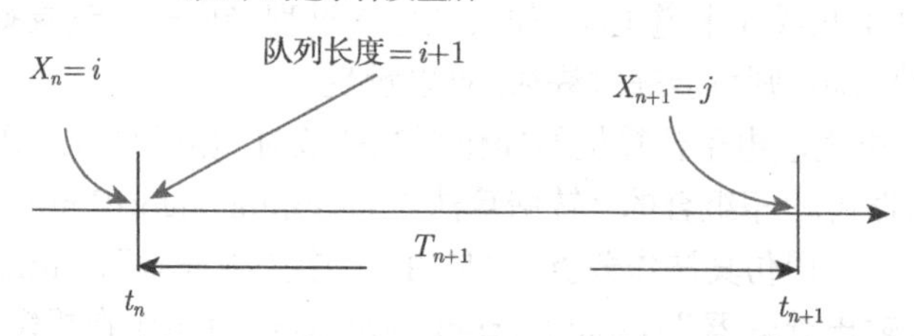

图 II.1　连续两次到达时刻队列状态的变化

计算由状态 i 变为状态 j 的转移概率 $\{p_{ij}\}$ 时, 需考虑四种可能:

(i) $j > i+1$.

因为 $X_n = i$, 在 T_{n+1} 之内顾客数不可能超过 $i+1$, 故 $p_{ij} = 0$.

(ii) $k \leqslant j \leqslant i+1$.

在 T_{n+1} 时间之内共有 $i+1-j$ 个顾客离去, 但是无闲置的服务台. 因此每个离去间隔都是以 $k\mu$ 为发生率且互为独立的指数变数, 已知 $\{T_{n+1} = t\}$, 其间发生 $(i+1-j)$ 个事件的条件概率可用泊松分布表示 (均值 $k\mu t$). 解除已知条件, 即得

$$p_{ij} = \int_0^\infty e^{-k\mu t} \frac{(k\mu t)^{i+1-j}}{(i+1-j)!} dF(t)$$

(iii) $j \leqslant i+1 \leqslant k$.

在 T_{n+1} 时间开始之初, k 个服务台中有 $(i+1)$ 个被占用, 其中 j 个剩余服务时间大于 T_{n+1}, 而另外 $(i+1-j)$ 个小于 T_{n+1}. 所以条件概率服从二项分布

$$p_{ij}=\int_0^\infty \binom{i+1}{j}\left(e^{-\mu t}\right)^j\left(1-e^{-\mu t}\right)^{i+1-j}dF(t)$$

(iv) $j\leqslant k\leqslant i+1$.

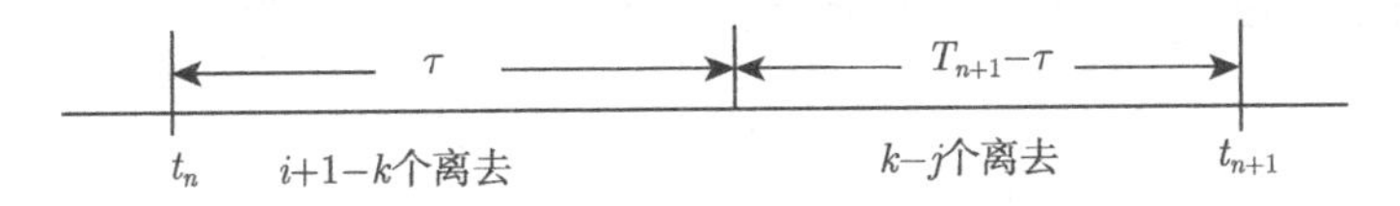

T_{n+1} 时段可分为两部分: 前一段 τ, 队列长度由 $(i+1)$ 减为 k, 后段在 $T_{n+1}-\tau$ 的时间里, 再降为 j. 前段时间是 $(i+1-k)$ 个指数间隔总和, 且服从伽马分布, 后段情形与 (iii) 相同, 发生次数的概率是二项分布:

$$p_{ij}=\int_0^\infty\int_0^t\frac{(k\mu\tau)^{i-k}}{(i-k)!}e^{-k\mu\tau}(k\mu)\binom{k}{j}\left[e^{-\mu(t-\tau)}\right]^j\left[1-e^{-\mu(t-\tau)}\right]^{k-j}d\tau dF(t)$$

有了这些转移概率, 就可以下列方程式求得 $\{a_j\}$ 的解:

$$a_j=\sum_{i=0}^\infty p_{ij}a_i \tag{II.1}$$

假设

$$(a_0,a_1,a_2,\cdots)=c\left(\beta_0,\beta_1,\cdots,\beta_{k-2},1,\alpha,\alpha^2,\alpha^3,\cdots\right) \tag{II.2}$$

对 $j\geqslant k$ 而言,

$$\begin{aligned}a_j&=\sum_{i=j-1}^\infty p_{ij}a_i=\sum_{i=j-1}^\infty\int_0^\infty e^{-k\mu t}\frac{(k\mu t)^{i+1-j}}{(i+1-j)!}dF(t)a_i\\ \alpha^{j-k+1}&=\sum_{i=j-1}^\infty\int_0^\infty e^{-k\mu t}\frac{(k\mu t)^{i+1-j}}{(i+1-j)!}dF(t)\alpha^{i-k+1}\\ &=\int_0^\infty\left(\sum_{i=j-1}^\infty\frac{(k\mu\alpha t)^{i+1-j}}{(i+1-j)!}e^{-k\mu\alpha t}\right)dF(t)\alpha^{j-k}e^{-k\mu(1-\alpha)t}\\ &=\int_0^\infty\alpha^{j-k}e^{-k\mu(1-\alpha)t}dF(t)\end{aligned}$$

两边消去 α^{j-k} 项, 则

$$\alpha=\int_0^\infty e^{-k\mu(1-\alpha)t}dF(t)=H(\alpha) \tag{II.3}$$

由于

(i) $H(0)=E[e^{-k\mu T}]>0$;

(ii) $H(1)=1$;

(iii) $H'(\alpha)=E\left[k\mu Te^{-k\mu(1-\alpha)T}\right]>0$ 增函数;

(iv) $H''(\alpha)=E\left[(k\mu T)^2e^{-k\mu(1-\alpha)T}\right]>0$ 凸函数;

(v) $H'(\alpha)=E\left[k\mu T\right]=k\mu E[T]=k\mu/\lambda>1$.

所以 $\alpha=H(\alpha)$ 在 $(0,1)$ 内存在着唯一解. 其解析图列于图 II.2.

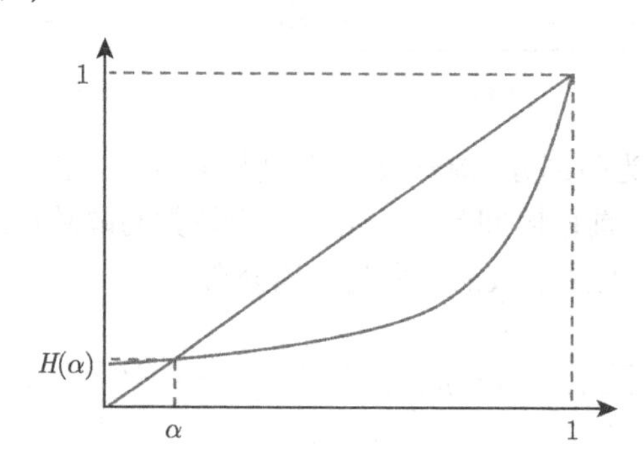

图 II.2　$\alpha=H(\alpha)$ 在 $(0,1)$ 之间具唯一解

求 (II.3) 的代数解并不一定是件容易的事, 但是可用数值分析的办法 (如牛顿法) 得到数值解. 以 c 作为未定系数, 暂时以 $a_{k-1}=1$. 则由 (II.1)

$$a_{k-1}=\sum_{i=k-2}^{\infty}p_{ij}a_i=p_{k-2,k-1}a_{k-2}+p_{k-1,k-1}a_{k-1}+p_{k,k-1}a_k+\cdots$$

从 (II.2) 和 (II.3) 以及前述转移概率, 得

$$\beta_{k-2}=\left(1-p_{k-1,k-1}-p_{k,k-1}\alpha-p_{k+1,k-1}\alpha^2-\cdots\right)/p_{k-2,k-1}$$

以此类推可知 $(\beta_0,\beta_1,\cdots,\beta_{k-2})$. 因为 $\sum\limits_i a_i=1$,

$$c=\left[\sum_{i=0}^{k-2}\beta_i+\frac{1}{1-\alpha}\right]^{-1}$$

代入 c, $\{\beta_j\}$ 和 α, $\{a_j\}$ 值即由 (II.2) 得知.

应当注意的是, $\{a_j\}$ 是到达平均概率 (到达者看到的队长分布), 并非时间平均概率 (定义 2.2). 因为服务时间是指数变数, 可以很容易计算出平均等待时间, 并以此求得平均队列长度.